ElementarMathematisches BasisInterview

von
Andrea Peter-Koop, Bernd Wollring,
Brigitte Spindeler, Meike Grüßing

Mildenberger

Bestell-Nr. 170-10 · ISBN 978-3-619-01710-2

© 2007 Mildenberger Verlag GmbH, 77652 Offenburg
www.mildenberger-verlag.de
E-Mail: info@mildenberger-verlag.de

Auflage   Druck   4   3   2   1
Jahr   2010   2009   2008   2007

Das Werk und seine Teile sind urheberrechtlich geschützt. Jede Nutzung in anderen als den gesetzlich zugelassenen Fällen bedarf der vorherigen schriftlichen Einwilligung des Verlages. Hinweis zu § 52 a UrhG: Weder das Werk noch seine Teile dürfen ohne eine solche Einwilligung eingescannt und in ein Netzwerk eingestellt werden. Dies gilt auch für Intranets von Schulen und sonstigen Bildungseinrichtungen!

Satz und Druck: EH-Druck, 77716 Haslach
Gedruckt auf umweltfreundlichen Papieren

Gliederung

1. **Einführung** 4

2. **Konzeptionelle Grundlagen** 5
   - 2.1 Differenzierte Erhebung mathematischer Kompetenzen 5
   - 2.2 Erfassen mathematischer Vorläuferfähigkeiten 5
   - 2.3 Materialgestützte Interviewführung 6
   - 2.4 Ausprägungsgrade mathematischen Wissens 6
   - 2.5 Definierte Abbruchkriterien 8

3. **Vorbereitung der Interviewdurchführung** 8
   - 3.1 Interviewdauer und Wahl des Ortes für die Interviewdurchführung 8
   - 3.2 Sichtung und Vorbereitung des benötigten Materials 9
   - 3.3 Einarbeitung in das Interviewverfahren 10

4. **Durchführung und Auswertung des Interviews** 11
   - 4.1 Aufbau des Interviewleitfadens 11
   - 4.2 Ausfüllen des Interviewprotokolls 12
   - 4.3 Einsatz des Bogens „Einzelauswertung" zur Bestimmung der Ausprägungsgrade . 12
   - 4.4 Dokumentation der Interviewergebnisse 13

5. **Einsatzmöglichkeiten des Interviews** 14
   - 5.1 Vorschulischer Einsatz 14
   - 5.2 Schulischer Einsatz 14
   - 5.3 Einsatz bei allen Kindern einer Lerngruppe 15
   - 5.4 Einsatz bei einer gezielt ausgewählten Gruppe von Kindern 16
   - 5.5 Einsatz bei Kindern mit auffälligen Mathematikleistungen 16
   - 5.6 Wiederholter Einsatz 17

6. **Literaturverzeichnis** 18

7. **Instrumente und Materialübersicht** 19
   - 7.1 Interviewleitfaden 19
   - 7.2 Materialübersicht 41
   - 7.3 Übersicht Ausprägungsgrade 42
   - 7.4 Interviewprotokoll (4 Kopiervorlagen) 45
   - 7.5 Einzelauswertung (2 Kopiervorlagen) 53
   - 7.6 Auswertung Vorläuferfähigkeiten (1 Kopiervorlage) 57
   - 7.7 Klassenauswertung (1 Kopiervorlage) 59

8. **Glossar** 61

1. Einführung

Effizienter Unterricht für alle Kinder, mathematische Förderdiagnostik, realisierbare und wirkungsvolle Förderpläne für Kinder, die einer besonderen mathematischen Förderung bedürfen, sowie eine praxistaugliche Dokumentation von Lernentwicklung kennzeichnen aktuelle Herausforderungen im mathematischen Anfangsunterricht.

Mit dem *Elementarmathematischen Basisinterview* (EMBI) liegt erstmals ein Baustein zur mathematikdidaktischen Diagnostik vor, der für *alle* Kinder einer Lerngruppe geeignet ist. Das Interview ist konzipiert für Kinder im Alter von 5 bis 8 Jahren, d. h. einsetzbar sowohl im vorschulischen Bereich als auch in den beiden ersten Jahrgangsstufen der Grundschule.

Das *Elementarmathematische Basisinterview* basiert auf einem in Australien entwickelten und dort seit Ende der 1990er Jahre erfolgreich in Grundschulen eingesetzten Interviewverfahren. Grundlage ist das *Early Numeracy Research Project*, in dessen Rahmen die Gesamtkonzeption sowie sämtliche Instrumente im Auftrag und mit finanzieller Unterstützung des *Ministry of Education* von einer Forschergruppe der *Monash University* und der *Australian Catholic University* in Melbourne entwickelt und erprobt wurden.

Kernidee ist eine Interviewsituation zwischen Lehrer/-in oder Erzieher/-in und Kind, die die fokussierte Zuwendung zum einzelnen Kind und Auseinandersetzung mit seiner mathematischen Lernentwicklung ermöglicht. Dem Kind bietet das Interview individuelle Herausforderungen und die Gelegenheit zu zeigen, was es alles schon kann und weiß. So werden sowohl besondere Stärken als auch besonderer Unterstützungsbedarf in einer Form offengelegt, die direkte Anknüpfungspunkte für Unterricht und Einzelförderung bietet. Das EMBI ist somit ein Instrument zur unterrichtsbezogenen, d. h. *handlungsleitenden* Diagnostik (vgl. Wollring 2006).

Im vorliegenden Handbuch finden Sie alle Informationen und Dokumente, die Sie für die Durchführung des *Elementarmathematischen Basisinterviews* benötigen. Grundsätzlich lassen sich drei verschiedene Formen von Dokumenten unterscheiden:

- Erläuterungen zur Konzeption des Interviews und Hinweise zur Vorbereitung, Durchführung und Auswertung (siehe Kap. 2–5),

- ein ausführlicher Interviewleitfaden (siehe 7.1), eine Übersicht der erforderlichen Materialien (siehe 7.2) und die Erläuterung der Ausprägungsgrade (siehe 7.3) zum wiederholten Gebrauch,

- verschiedene Kopiervorlagen zur Dokumentation der Antworten und Lösungen der Kinder und zur Auswertung der Ergebnisse – individuell und für die gesamte Lerngruppe (siehe 7.4–7.7).

Die für die Interviewdurchführung erforderlichen Materialien liegen darüber hinaus in Form eines Materialpakets bei. Ohne diese Begleitmaterialien kann das Interview nicht durchführt werden. Bitte prüfen Sie vor der Durchführung des Interviews daher die Materialien auf Vollständigkeit (vor allem, wenn bereits Interviews mit dem Materialsatz durchgeführt wurden) und legen Sie die Materialien in der benötigten Reihenfolge bereit.

Wir empfehlen Ihnen ferner, sich vor der ersten Durchführung mit der Gesamtkonzeption und den diesbezüglichen Instrumenten und Materialien vertraut zu machen. Bitte lesen Sie unbedingt vor der ersten Durchführung die Kapitel 2–4, um einen für Sie und das Kind entspannten und zügigen Interviewverlauf zu gewährleisten.

Nach einer vierjährigen Erprobungsphase in über 50 Kindergärten und Grundschulen in Hessen und Niedersachsen sind wir zuversichtlich, dass Ihnen das EMBI bei der Erhebung und Dokumentation von mathematischen Vorläuferfähigkeiten sowie der individuellen Entwicklung des Lernstands im mathematischen Anfangsunterricht ein hilfreicher Begleiter ist und Ihnen die erhobenen Befunde wichtige Impulse für vorschulische mathematische Aktivitäten, Unterricht und Einzelförderung liefern.

Oldenburg und Kassel, im Januar 2007

Andrea Peter-Koop, Bernd Wollring, Brigitte Spindeler und Meike Grüßing

2. Konzeptionelle Grundlagen

Wie in der Einführung erwähnt, basiert das *Elementarmathematische Basisinterview* auf einem in Australien entwickelten und umfangreich erprobten und evaluierten Interviewverfahren. Dabei unterscheidet sich das australische Original wie auch das EMBI von anderen bekannten Verfahren der mathematischen Lernstandsbestimmung durch einige zentrale und innovative konzeptionelle Elemente. Diese umfassen

– die differenzierte Erhebung mathematischer Leistung zu verschiedenen mathematischen Inhalten,

– die Erfassung von mathematischen Vorläuferfähigkeiten in Form eines speziell für Kindergarten- und Vorschulkinder entwickelten Interviewteils,

– eine materialgestützte Interviewführung,

– die Beschreibung der sich entwickelnden mathematischen Fähigkeiten von Kindern in Form von Ausprägungsgraden,

– klar definierte Abbruchkriterien bei den Aufgaben, um eine Demotivierung oder Überforderung zu vermeiden.

Im Folgenden sollen diese Aspekte zum besseren Verständnis der Gesamtkonzeption und ihrer besonderen Erkenntnischancen für Erzieher/-innen und Lehrer/-innen ausführlich erläutert werden.

2.1 Differenzierte Erhebung mathematischer Leistungen

Anknüpfend an die Bildungsstandards im Fach Mathematik für den Primarbereich (Kultusministerkonferenz 2005) liefert das *Elementarmathematische Basisinterview* Informationen zum Stand der Leistungs- und Kompetenzentwicklung im Inhaltsbereich „Zahlen und Operationen". Diesbezüglich werden im vorliegenden Teil I arithmetische Kompetenzen differenziert in folgenden Teilbereichen erhoben:

– Zählen

– Stellenwerte

– Strategien bei Addition und Subtraktion

– Strategien bei Multiplikation und Division

Interviewteile zu den inhaltlichen Kompetenzbereichen „Raum und Form" sowie „Größen und Messen" sind derzeit in Vorbereitung und erscheinen zeitnah als Teil II. In Kombination beider Teile lässt sich die individuelle mathematische Kompetenzentwicklung von jungen Kindern umfassend und differenziert erheben, beschreiben und dokumentieren.

Das Interviewverfahren ist auf *Fortsetzbarkeit* angelegt, d. h. es sollte in regelmäßigen Abständen wiederholt und weitergeführt werden, um die Lern*entwicklung* gezielt zu erfassen und zu dokumentieren. Entsprechend differenziert der Interviewleitfaden (vgl. Kap. 4.1 sowie 7.1) im oberen Leistungsbereich, d. h. es werden auch Wissen und Fertigkeiten erfasst, die deutlich über den verbindlichen Stoff der zweiten Klasse hinausgehen. Um die Kinder jedoch vor wiederholten Misserfolgen in Form von falschen oder fehlenden Antworten zu bewahren, vermeiden klar definierte *Abbruchkriterien* eine Überforderung des einzelnen Kindes (vgl. Kap. 5.2).

2.2 Erfassen mathematischer Vorläuferfähigkeiten

Grundsätzlich knüpft das EMBI in allen Teilen an bereits bestehende mathematische (Vor-) Kenntnisse und Fähigkeiten an. Für Kindergarten- und Vorschulkinder sowie für alle Kinder im ersten Schuljahr, die eine Menge von 20 kleinen Plastikbären noch nicht auszählen können, findet sich ferner ein spezieller Vorschulteil (Teil V), der auf die gezielte Erfassung der Entwicklung von mathematischen *Vorläuferfähigkeiten* ausgerichtet ist und diesbezügliche individuelle Entwicklungsstände beschreibt.

Auch wenn internationale Untersuchungen zu den mathematischen Vorkenntnissen von Schulanfängern belegen, dass viele Kinder bereits vor der Einschulung über gute bis sehr gute Zählkompetenz sowie Fertigkeiten im anschauungsgebundenen elementaren Rechnen verfügen (vgl. Schipper 2002, Hasemann 2003), haben einige Kinder diese (Vorläufer-)Fähigkeiten noch nicht entwickelt. Einige holen dies im ersten Schuljahr mühelos nach, während andere extreme Schwierigkeiten beim Rechnenlernen entwickeln. Wie die Studien von Kaufmann (2003) und Krajewski (2003) gezeigt haben, können Kinder, bei denen später im Unterricht entsprechende Rechenschwierigkeiten auftreten, bereits *vor* der Einschulung anhand ihrer unzureichend ausgebildeten Vorläuferfähigkeiten identifiziert und entsprechend gefördert werden.

Der Einsatz des Vorschulteils des Interviews gibt diesbezüglich detailliert Aufschluss. Die erhobenen Befunde sind eine geeignete Grundlage für die Entwicklung von individuellen Förderplänen (vgl. auch Grüßing & Peter-Koop 2007).

2.3 Materialgestützte Interviewführung

Die Befragung junger Kinder in Bezug auf ihre mathematischen (Vorläufer-) Fähigkeiten beinhaltet einige Herausforderungen, denn selbst Kindern mit einer guten Sprachentwicklung fehlt häufig noch das Vokabular zur Beschreibung ihrer mathematischen Einsichten und Strategien. Vielfach ist zu beobachten, dass Kinder, wenn sie gefragt werden, wie sie etwas gemacht haben oder was sie sich dabei gedacht haben, antworten „Das weiß ich eben.", „Das habe ich mir aus dem Kopf hervorgeholt." oder „Das habe ich gerechnet.". Zur Beurteilung des individuellen Entwicklungsstandes ist es jedoch häufig wichtig, nicht nur zu erfassen, ob das Kind die Lösung finden kann, sondern auch die angewandte Strategie zu ermitteln. Besonders deutlich wird das beim Rechnen. Die Nennung des richtigen Ergebnisses einstelliger Additionsaufgaben wie zum Beispiel 8 + 5 ist aus diagnostischer Sicht keine hinreichende Information, denn das Ergebnis kann sowohl durch Zählen als auch durch die Anwendung einer Rechenstrategie (etwa 8 + 2 + 3) ermittelt worden sein. Für die Lehrerin oder den Lehrer ist es wichtig zu wissen, wie das Kind vorgegangen ist, um sicherstellen zu können, dass es sich nicht zu einem „zählenden Rechner" entwickelt, der dann spätestens im dritten Schuljahr im Mathematikunterricht scheitern würde.

Das hier vorgestellte Interview schärft nicht nur den Blick der Lehrkraft für individuelle Strategien, sondern ermöglicht den Kindern durch den gezielten begleitenden Materialeinsatz bei der Durchführung des Interviews *handlungsgestützte Artikulationsformen* (vgl. auch Bruner 1972), die die verbalen Äußerungen ergänzen oder sogar ersetzen können. Somit ist das Interviewverfahren besonders für die Befragung junger Kinder geeignet. Nach unserer Erfahrung profitieren nicht nur leistungsschwächere Kinder oder Kinder mit anderen Erstsprachen vom durchgängig begleitenden Materialeinsatz, sondern auch mathematisch besonders leistungsfähige und interessierte Kinder, denen oft schlicht die Worte zur Mitteilung ihrer zum Teil elaborierten mathematischen Ideen und Lösungsansätze fehlen (vgl. Peter-Koop 2002).

2.4 Ausprägungsgrade mathematischen Wissens

Um sich entwickelnde mathematische Kompetenzen theoriegeleitet erfassen und beschreiben zu können, haben die australischen Kolleginnen und Kollegen im Rahmen des *Early-Numeracy-Research*-Projekts ein Rahmenkonzept bezüglich der Ausprägungsgrade (engl. *growth points*) der Entwicklung mathematischen Denkens konzipiert. Grundlage war eine umfassende Auswertung vorliegender internationaler Literatur, die sich auf die Identifizierung von Stadien oder Phasen elementarmathematischer Lernprozesse in Bezug auf verschiedene Inhaltsbereiche sowie die Entwicklung von Konzepten zur Beschreibung mathematischen Lernens bezieht.

Mathematische Leistungen und Kompetenzen, bezogen auf festgelegte Inhaltsbereiche (d. h. hier im Bereich „Zahlen und Operationen" die vier Teilbereiche „Zahlen", „Stellenwerte", „Strategien bei Addition/Subtraktion" und „Strategien bei Multiplikation/Division"), werden mit *Ausprägungsgraden* (von 1 bis maximal 6) differenziert beschrieben. Ausprägungsgrade sind somit gedacht als Instrument zur Beschreibung von Entwicklungen. Grundlage sind verbale Lösungsmitteilungen sowie beobachtbares Verhalten durch handlungsgestützte Artikulation (vgl. 2.3). Ausprägungsgrade sind stets auf Inhaltsbereiche bezogen, ein Ausprägungsgrad zur mathematischen Leistung insgesamt ist bewusst nicht vorgesehen.

Die Ausprägungsgrade sind weitgehend hierarchisch geordnet und beziehen zunehmend komplexes Denken und Verstehen ein. Dabei liefern weitere Beobachtungen der Lehrkraft im Unterricht zusätzlich wichtige Informationen. Ausprägungsgrade sind also nicht isoliert vom Unterricht zu sehen.

Wird ein Ausprägungsgrad mit „0" bezeichnet, bedeutet dies nicht, dass das Kind nichts weiß oder kein Verständnis entwickelt hat, sondern indiziert lediglich, dass Ausprägungsgrad 1 noch nicht nachzuweisen ist.

Im Teil A „Zählen" sind z. B. folgende Ausprägungsgrade auf der Basis entsprechender wissenschaftlicher Erkenntnisse festgelegt (vgl. auch 7.3):

0. **Nicht ersichtlich,**
   ob das Kind in der Lage ist, die Zahlwörter bis 20 zu benennen.

1. **Mechanisches Zählen**
   Das Kind zählt mechanisch bis mindestens 20, ist aber noch nicht fähig, eine Menge (von Gegenständen) dieser Größe zuverlässig abzuzählen.

2. **Zählen von Mengen**
   Das Kind zählt sicher Mengen mit ca. 20 Elementen (Gegenständen).

3. **Vorwärts- und Rückwärtszählen in Einerschritten**
   Das Kind kann im Zahlenraum bis 100 in Einerschritten von verschiedenen Startzahlen aus zählen und Vorgänger und Nachfolger einer gegebenen Zahl benennen.

4. **Zählen von 0 aus in 2er-, 5er- und 10er-Schritten**
   Von 0 aus gelingt das Zählen in 2er-, 5er- und 10er-Schritten bis zu einer gegebenen Zielzahl.

5. **Zählen von Startzahlen mit x > 0 aus in 2er-, 5er- und 10er-Schritten**
   Von einer Startzahl (x > 0) gelingt das Zählen in 2er-, 5er- und 10er-Schritten bis zu einer gegebenen Zielzahl.

6. **Erweitern und Anwenden von Zählfertigkeiten**
   Von einer Startzahl (x > 0) gelingt das Zählen in beliebigen einstelligen Schritten und diese Zählfertigkeiten können in praktischen Aufgaben angewendet werden.

Zusammenfassend lässt sich festhalten: Im Rahmen des EMBI werden Ausprägungsgrade mathematischen Wissens und mathematischer Fertigkeiten empirisch anhand entsprechend konzipierter Aufgaben festgestellt. Die Ausprägungsgrade beschreiben erreichte „Meilensteine" in der Entwicklung mathematischen Denkens und verdeutlichen zugleich, welche „Meilensteine" als nächstes erreicht werden sollen. Somit liefern die Ausprägungsgrade zu einem inhaltlichen Schwerpunkt im Sinne einer handlungsleitenden Diagnostik unmittelbare Impulse für die Auswahl von Lerninhalten und entsprechenden Aufgabenformaten für den Unterricht in der Klasse, für gezielte Förderstunden mit einer Kleingruppe sowie auch für die Einzelförderung.

Eine Sonderstellung nimmt der Vorschulteil ein. Er ist der systematischen Erfassung von mathematischen Vorläuferkompetenzen gewidmet. Inwieweit sich die verschiedenen Vorläuferfähigkeiten bedingen und aufeinander aufbauen, ist international erst in Ansätzen erforscht.

Diesbezügliche Kompetenzmodelle liegen noch nicht vor. Entsprechend lassen sich daher auch keine Ausprägungsgrade zuweisen. Dennoch liefert der Teil V „Vorläuferleistung" Aufschluss über die frühe Entwicklung mathematischen Denkens sowie über mögliche Ursachen für problematische Mathematikleistungen im Unterricht.

2.5 Definierte Abbruchkriterien

Die Kinder genießen es nach unserer Erfahrung und der unserer australischen Kollegen sehr, für die Zeit des Interviews die ungeteilte Aufmerksamkeit ihrer Lehrerin bzw. ihrer Erzieherin zu haben und zeigen stolz, was sie schon wissen und können. Das Interview soll die Kinder jedoch weder überfordern noch ihnen den Eindruck vermitteln, sie hätten nichts oder nur wenig gewusst oder gekonnt. Dies wäre kontraproduktiv und würde das Selbstvertrauen in ihre mathematischen Fähigkeiten und ihre Freude am Fach Mathematik möglicherweise nachhaltig erschüttern und hemmen.

Aus diesem Grund sind im Interviewleitfaden explizite *Abbruchkriterien* ausgewiesen, die unbedingt befolgt werden sollten. Sie fordern dazu auf, bei einer falschen oder fehlenden Antwort die Frageserie zu verlassen und bei einer späteren neu zu starten. Diese Abbruchkriterien dienen dem Schutz des Kindes und sollen vermeiden, dass vermehrt Situationen entstehen, in denen das Kind entweder keine Antwort geben kann oder eine falsche Lösung nennt oder zeigt. Daher wird in diesem Fall in der Regel das Interview in dem entsprechenden Teilbereich abgebrochen und zu einem weiteren Bereich übergegangen.

Hat die interviewende Lehrkraft in Ausnahmefällen den Eindruck, das Kind sei durchaus noch in der Lage weitere Fragen zu beantworten (z. B. durch entsprechende Beobachtungen im Unterricht), können in diesen Fällen die Abbruchbedingungen übergangen und weitere Fragen des jeweiligen Aufgabenteils gestellt werden.

Aus den oben genannten Gründen finden sich im Teil V keine Abbruchkriterien. Auch bei schwachen Kindern sollten alle vorgesehenen Aufgaben durchgeführt werden, um gezielt Aufschluss darüber zu erlangen, was das Kind bereits kann und an welchen Stellen welche Probleme auftreten.

Nachdem Sie sich mit den konzeptionellen Grundlagen und den Kernelementen des EMBI vertraut machen konnten, wird im Folgenden dargestellt, worauf bei der Durchführung des Interviews und seiner Vorbereitung zu achten ist, um die Erkenntnischancen, die Ihnen das EMBI bietet, optimal nutzen zu können.

3. Vorbereitung der Interviewdurchführung

Bevor Sie das *Elementarmathematische Basisinterview* das erste Mal durchführen, sollten Sie sich unbedingt mit dem beiliegenden Material und den verschiedenen Instrumenten vertraut machen. Außerdem gilt es zu überlegen, wann und wo Sie das Interview am besten durchführen. Im Folgenden sind daher diesbezügliche Vorüberlegungen dargelegt sowie konkrete Vorbereitungen beschrieben.

3.1 Interviewdauer und Wahl des Ortes für die Interviewdurchführung

In der Regel wird das Interview zwischen 20 und 30 Minuten dauern. Die Abbruchkriterien sorgen dafür, dass nicht zu viele Fragen gestellt werden, die das Kind nicht beantworten kann. Dies bedeutet zugleich, dass die Länge des Interviews davon abhängt, wie viele Aufgaben das Kind richtig lösen kann. Bei sehr leistungsstarken Kindern kann es daher dazu kommen, dass das Interview länger als 30 Minuten dauert. Sollten Sie feststellen, dass bei einem Kind mit zunehmender Länge der Interviewzeit die Konzentration nachlässt, ist es sinnvoll, das Interview zu unterbrechen und zu einem späteren Zeitpunkt zu Ende zu führen.

Um dem Kind die Auseinandersetzung mit den Interviewaufgaben in ruhiger und entspannter Atmosphäre zu ermöglichen, sollte ein Raum gefunden werden, in dem Interviewer und Kind ungestört sind. Dies kann ein kleiner Nebenraum zum Klassenzimmer sein, ein leeres Klassenzimmer oder ein anderer Raum, der zum Zeitpunkt des Interviews nicht anderweitig genutzt wird. Besonders wenn Sie mehrere oder alle Kinder einer Lerngruppe interviewen wollen, ist die Unterstützung eines Kollegen zu erbitten, der für die Zeit des Interviews die anderen Kinder der Klasse oder Lerngruppe betreut. Steht ein kleiner Nebenraum zum Klassenzimmer zur Verfügung, kann das Interview dort stattfinden, während die Klasse mit Freiarbeit oder Wochenplanaktivitäten beschäftigt ist. Unserer Erfahrung nach erkennen die Kinder schnell, dass es sich bei dem Interview um eine ganz besondere Situation handelt, in der sie allein die Aufmerksamkeit ihrer Lehrerin oder ihres Lehrers haben und freuen sich darauf, endlich an der Reihe zu sein. Dies führt dazu, dass auch schon Erstklässler erkennen, dass diese einmalige Situation nicht gestört werden sollte – schließlich wollen auch sie nicht, dass ihr Interview von Dritten unterbrochen wird, sobald sie selbst an der Reihe sind. Es hat sich als besonders effektiv und entlastend erwiesen, einzelne Kinder aus der Klasse zu Experten für einzelne Aufgaben zu ernennen, die dann auf evtl. Fragen ihrer Mitschüler/-innen eingehen.

Wollen Sie das EMBI bei einem Kind einsetzen, das bereits im Unterricht mit Schwierigkeiten beim Mathematiklernen aufgefallen ist (oder auch bei einem Kind mit besonders beeindruckenden, weit überdurchschnittlichen Leistungen), ist es u. U. hilfreich, wenn die Lehrkraft, die für den entsprechenden Förderunterricht vorgesehen ist, beim Interview anwesend ist oder das Interview selbst durchführt. So kann in idealer Weise im Anschluss gemeinsam überlegt werden, welche Schritte bei der Förderung sinnvoll und nötig sind und ein entsprechender Förderplan entwickelt werden. In bestimmten Situationen kann es ferner hilfreich sein, wenn ein Elternteil anwesend ist, um einem möglicherweise verängstigten Kind Sicherheit zu geben oder um die Eltern sinnvoll in eine notwendige Förderung einbeziehen zu können, indem aufgezeigt wird, in welchen Bereichen das Kind besondere Unterstützung braucht. In jedem Fall sollten anwesende Dritte stille Beobachter sein, die außerhalb des Blickfeldes des Kindes sitzen und sich nicht in die Interviewführung einmischen.

Es hat sich unserer Erfahrung nach bewährt, wenn die interviewende Person zwischen Kind und Materialien sitzt. So kann sie zum einen das Kind optimal bei seinen Materialhandlungen beobachten und ihre Notizen im Interviewprotokoll eintragen (vgl. 4.2 sowie 7.4).

Zum anderen können so die für die einzelnen Aufgaben benötigten Materialien leicht erreicht und auch wieder zurückgelegt werden. Auch für das Kind ist es hilfreich, wenn seine Aufmerksamkeit jeweils ausschließlich auf die aktuell zu verwendenden Materialien gelenkt wird und noch nicht oder nicht mehr benötigte Materialien außerhalb des Sichtfeldes liegen und so keine Ablenkung darstellen können.

3.2 Sichtung und Vorbereitung der benötigten Materialien

Nach unserer Erfahrung hat es sich als optimal erwiesen, wenn die für das Interview benötigten Materialien, die diesem Handbuch separat verpackt beiliegen, bereits vor dem Interview in der später benötigten Reihenfolge bereit gelegt werden. So vermeiden Sie lästige, zeitraubende und für das Kind irritierende Suchphasen während des Interviews.

Einmalige Vorbereitungen vor der ersten Durchführung:

Machen Sie sich vor der ersten Durchführung unbedingt mit den verschiedenen Materialien und Instrumenten des EMBI vertraut (eine Übersicht über alle für das Interview erforderlichen Materialien finden Sie unter 7.2) und sehen Sie sich die Materialien in Zusammenhang mit den jeweiligen Aufgabenstellungen an, die im Interviewleitfaden formuliert sind (vgl. auch 4.1 und 7.1). Um Ihnen die Durchführung zu erleichtern liegen, mit einer Ausnahme bei Aufgabe A7, alle benötigten Materialien im separat verpackten Materialsatz bei.

Bei folgenden Aufgaben muss das Material allerdings *vor der ersten Durchführung einmalig* für den Einsatz vorbereitet oder ergänzt werden:

- V 3: Bitte die 4 Bleistifte aus Pappe ausschneiden.
- A 1: Bitte anhand des Faltbogens eine Schachtel falten (Faltlinien vorsichtig einritzen), die als Bärenschachtel benötigt wird.
- A 7: Bitte die erforderlichen 2,85 € in folgenden Münzen in einem Umschlag dem Materialsatz beilegen: 1 x 1 €; 1 x 50 ct; 3 x 20 ct; 5 x 10 ct; 5 x 5 ct.
- B 11: Bitte aus den 100 Stäben 8 Zehnerbündel mit Hilfe der beiliegenden Gummiringe erstellen, es verbleiben 20 einzelne Stäbe.
- C 18: Bitte anhand des Faltbogens wie beschrieben einen Deckel falten, der zum Abdecken der Bären in der Aufgabe benötigt wird.
- D 27: Bitte anhand der Faltbögen vier kleine Schachteln falten, die als Bärenautos benötigt werden. Gut geeignet sind alternativ Streichholzschachteln.

Vorbereitungen vor jeder Durchführung:

Bitte legen Sie Papier und Stift für die Aufgaben C 25, C 26 und D 35 zurecht und bieten Sie diese dem Kind ggf. an. Wir empfehlen Ihnen, die in den Teilen V, B, C und D benötigten Bären aus Teil A entsprechend vor bzw. nach dem Einsatz in Teil A in der geforderten Anzahl und Farbe bereit zu legen.

Bitte achten Sie außerdem darauf, sich vor dem Interview anhand der entsprechenden Kopiervorlagen unter 7.4 und 7.5 jeweils Kopien von Interviewprotokoll und Auswertungsbogen in der benötigten Anzahl zu erstellen. Das Interviewprotokoll (7.4) umfasst vier Kopiervorlagen, die leicht so kopiert werden können, dass man mit zwei doppelseitig bedruckten Blättern auskommt. Für die Auswertung (7.5) sind zwei Kopiervorlagen vorgesehen. Auch hier empfehlen wir, die beiden Seiten auf ein Blatt, d. h. doppelseitig zu kopieren, um den Papieraufwand zu minimieren, denn die Protokolle und Befunde sollten nach dem Interview zusammen mit weiteren Unterlagen und Aufzeichnungen (z. B. Beoachtungen aus dem Unterricht) abgeheftet werden, um die individuelle Lernentwicklung jeden Kindes zu dokumentieren und für spätere Gespräche mit Eltern und Kollegen verfügbar zu machen.

Während der Materialsatz leicht von mehreren Kolleginnen einer Schule oder Kindertagesstätte in Absprache gemeinsam genutzt werden kann, hat es sich bewährt, wenn jede Lehrerin oder Erzieherin, die mit dem EMBI arbeitet, ihr eigenes Handbuch hat, in dem sie bei Bedarf Notizen und evtl. Verweise auf weitere Materialien für Förderung und Unterricht eintragen kann.

3.3 Einarbeitung in das Interviewverfahren

Erfahrungsgemäß ist der parallele Einsatz von Interviewleitfaden, Material und Interviewprotokoll trainingsbedürftig. Daher empfehlen wir Ihnen, die Interviewtechnik im Vorfeld mit einer Kollegin oder einem Kollegen einzuüben. Jeweils wechselseitig spielt eine(r) von Ihnen beiden das Kind. So können Sie nicht nur wechselseitig den koordinierten Einsatz der Instrumente und Materialien trainieren, sondern zugleich verschiedene zu erwartende Antworten und Lösungsansätze durchspielen, was sicherlich beim inhaltlichen Zugang zu den Aufgaben und ihren diagnostischen Deutungen und diesbezüglichen Folgerungen hilfreich ist. Ergänzend zum Handbuch kann man eine DVD (170-12) mit einzelnen Interviewsequenzen beziehen. Die Interviewausschnitte vermitteln Ihnen zum einen einen unmittelbaren Zugang zum Interview und seiner

Erkenntnischancen. Zum anderen können Sie anhand der Videoclips auch das Ausfüllen des Interviewprotokolls auf der Basis von authentischen Kinderantworten einüben und somit Sicherheit im Umgang mit dem Protokollbogen und dem Aufzeichnen individueller Lösungswege gewinnen. Um sich bei den ersten selbst geführten Interviews etwas zu entlasten, hat es sich zudem bewährt, eine Kollegin oder einen Kollegen zu bitten, den Protokollbogen auszufüllen. Erfahrungsgemäß gelingt jedoch nach wenigen Durchführungen auch die begleitende Protokollführung.

Der konkrete Aufbau und Umgang mit Interviewleitfaden und Interviewprotokoll sowie die Auswertung der Befunde und die Dokumentation der Ergebnisse, sind im Folgenden ausführlich beschrieben.

4. Durchführung und Auswertung des Interviews

Die besonderen Erkenntnischancen des *Elementarmathematischen Basisinterviews* liegen in einem gezielt koordinierten Zusammenspiel von Materialeinsatz, entsprechenden diagnostischen Aufgaben und der systematischen Erfassung von Lösungsstrategien einerseits sowie der Auswertung der Interviewbefunde anhand der Bestimmung von Ausprägungsgraden mathematischer Leistungen in verschiedenen Inhaltsbereichen andererseits. Daher soll der Umgang mit den entsprechenden Instrumenten im Folgenden beschrieben und anhand von Beispielen erläutert werden.

4.1 Aufbau des Interviewleitfadens

Grundlage des *Elementarmathematischen Basisinterviews* ist ein *Interviewleitfaden*, der durch den Einsatz von Material begleitet wird, das dem Kind neben verbalen Erklärungen auch die handlungsgestützte Artikulation seiner Lösungsideen und Strategien erlaubt (vgl. 2.3). Der Leitfaden enthält demnach nicht nur die Fragen, die die Lehrkraft oder Erzieherin dem Kind stellt, sondern beschreibt auch den zugehörigen Materialeinsatz. Ferner beschreibt dieses Dokument die Abbruchkriterien. Es müssen also folgende Informationen und Anweisungen aufeinander bezogen sein:

– die Wahl der Materialien,

– eine Handlungsanweisung für den Interviewer, wie diese Materialien dem Kind präsentiert werden,

– die Formulierung der entsprechenden Fragestellung einschließlich eventueller Nachfragen sowie

– die klare Ausweisung von Abbruchkriterien, falls das Kind keine oder eine falsche Antwort gibt, inklusive der Information, an welcher Stelle in diesem Fall mit dem Interview fortzufahren ist.

Um diese aufeinander bezogenen Handlungs- und Textanweisungen möglichst übersichtlich zu gestalten und somit die materialgestützte Durchführung zu erleichterten, ist der Interviewleitfaden als Tabelle dargestellt.

Der folgende Ausschnitt aus Teil C des Interviews zur Erhebung von Additions- und Subtraktionsstrategien verdeutlicht ihren Aufbau.

Teil C: Strategien bei Addition und Subtraktion
C 18 Weiterzählen

Aufg.	Material	Interviewer-Handlung	Interviewer-Text	Abbruchkriterien
C 18a	13 rote Bären, Pappdeckel		Gib mir bitte 4 rote Bären.	
C 18b	wie vorher	Zeigen Sie dem Kind die 9 Bären. Legen Sie diese 9 Bären neben die 4 roten Bären vor das Kind und verdecken Sie die 9 Bären mit dem Pappdeckel. Zeigen Sie auf die beiden Gruppen.	Ich habe hier 9 rote Bären. Darunter sind 9 Bären versteckt und hier sind 4 Bären. Wie viele Bären sind das zusammen? Wie hast du das heraus bekommen?	richtig, dann C 19; Antwort ist nicht 13, dann C 18c
C 18C	wie vorher	Nehmen Sie den Deckel weg.	Wie viele sind es zusammen?	

Um die Orientierung zu erleichtern, ist der Sprechtext im gesamten Leitfaden jeweils grau unterlegt. Den kompletten Interviewleitfaden finden Sie unter 7.1.

Insgesamt besteht der Interviewleitfaden aus 37 Aufgaben in den Teilen A bis D mit folgenden Schwerpunkten:

- Teil A: Zählen (A 1–A 7)
- Teil B: Stellenwerte (B 8–B 17)
- Teil C: Strategien bei Addition und Subtraktion (C 18–C 26)
- Teil D: Strategien bei Multiplikation und Division (D 27–D 37)

Nur wenige Kinder werden alle 37 Aufgaben bearbeiten. Bei der Mehrzahl der Kinder wird das Interview durch entsprechend greifende Abbruchkriterien verkürzt.

Für alle Kindergarten- und Vorschulkinder finden sich im Vorschulteil, der zu Beginn des Interviewleitfadens abgedruckt ist, drei Aufgaben mit diversen Teilaufgaben zur Ermittlung mathematischer Vorläuferfähigkeiten. Teil V ist konzipiert für Kindergarten- und Vorschulkinder sowie für Grundschüler/-innen, denen es in Aufgabe A 1 noch nicht gelingt, eine Menge von 20 Bären auszuzählen.

4.2 Ausfüllen des Interviewprotokolls

Während des Interviews wird parallel zum Einsatz des Leitfadens ein individuelles *Interviewprotokoll* ausgefüllt. Das Interviewprotokoll ist für die einzelnen Aufgaben entsprechend vorstrukturiert, um Ihnen die Aufzeichnung der Antworten der Kinder in Bezug auf ihre Lösungen und Strategien zu erleichtern und den Schreibaufwand zu minimieren. Mit Hilfe der Nummerierung lassen sich die Aufgaben und Antworten schnell und eindeutig zuordnen. Richtige Antworten vermerken Sie im Protokoll mit einem Haken in dem jeweiligen Kästchen, falsche Antworten werden mit einem „f", fehlende mit einen Querstrich gekennzeichnet. Ferner besteht die Möglichkeit, die vom Kind genannte Zahl bzw. Lösung sowie zusätzliche Bemerkungen zum Vorgehen zu notieren. Lösungen finden sich im Protokoll zur besseren Übersicht zum Teil in Klammern.

Teil A

A 1 Wie viele Bären?
geschätzte Anzahl: __100__
tatsächliche Anzahl: __23__
Zählen: letzte richtige Zahl __23__

A 2 Vorwärts-/Rückwärtszählen
a) 1 → 32 __32__ (letzte richtige Zahl)
b) 53 → 62 __62__
c) 84 → 113 __113__
d) 24 → 15 __15__
e) 10 → 0 ____

A 3 Vorgänger/ Nachfolger
nach 56 __57__
vor 56 __55__

A 4 Von 0 in 10er-, 5er- und 2er-Schritten zählen
in 10er-Schritten __110__ (110)
in 5er-Schritten __55__ (55)
in 2er-Schritten __30__ (30)

A 5 Von x > 0 in 10er- und 5er-Schritten zählen
von 23 in 10er-Schritten __93__ (103)
von 24 in 5er-Schritten ____ (44)

A 6 Von x > 0 in 3er und 7er Schritten zählen
von 11 in 3er-Schritten ____ (35)
von 20 in 7er-Schritten ____ (55)

A 7 Geld zählen
a) Gesamtsumme: __1,50__ € (2,85 €)
Methode: ____
__kennt nur 1 € Stück__
__und 50 ct Stück__
b) Betrag, den man braucht, um 5 € zu erhalten: ____ € (2,15 €)
____
____
____

Die nebenstehende Abbildung zeigt einen ausgefüllten Protokollbogen zu Teil A. Unter 7.4 finden Sie die entsprechende Kopiervorlage.

4.3 Einsatz des Bogens „Einzelauswertung" zur Bestimmung der Ausprägungsgrade

Auf der Grundlage des ausgefüllten Interviewprotokolls erfolgt die Zuweisung der Ausprägungsgrade mit Hilfe des Auswertungsbogens *„Einzelauswertung"*, der unter 7.5 zu finden ist. Auch dieser Bogen ist als Kopiervorlage gedacht. Die entsprechend erreichten Ausprägungsgrade werden durch Ankreuzen markiert. Mit der Angabe der Ausprägungsgrade entsteht ein individuelles Fähigkeitsprofil (z. B. A 3, B 2, C 2, D 2), das nun leicht mit entsprechenden Befunden früherer und/oder späterer Interviews verglichen werden kann.

Die Erläuterung der Ausprägungsgrade findet sich der Übersichtlichkeit halber zusätzlich zum Dokument 7.3 auch auf der Rückseite der Einzelauswertung in Dokument 7.5. Mit Hilfe der inhaltlichen Erläuterung der Ausprägungsgrade lässt sich der aktuelle Leistungsstand des Kindes präzise beschreiben und so in verständlicher Form dem Kind selbst, seinen Eltern oder auch Kollegen mitteilen wie anhand des folgenden Beispiels verdeutlicht werden soll.

Mirko hat am Ende des ersten Schuljahres die Ausprägungsgrade A 3, B 2, C 2 und D 2 erreicht. Die Befunde des Interviews haben die Unterrichtsbeobachtungen der Lehrerin bestätigt und ergänzt. Dass er schon sicher zweistellige Zahlen größer als 20 lesen und sortieren kann, wurde erst im Interview deutlich – ebenso wie seine materialbezogenen Strategien zur Multiplikation und Division. Aufgrund seiner guten Zählkompetenz war der Einsatz des Teils V bei Mirko nicht nötig. Entsprechend ergibt sich folgendes mathematisches Leistungsprofil:

Name des Kindes: Mirko		Klasse: 1b	Juni 2006
Zählen	Stellenwerte	Strategien bei Addition/Subtraktion	Strategien bei Multiplikation/Division
kann im Zahlenraum bis 100 von verschiedenen Startzahlen aus in Einerschritten zählen, benennt Vorgänger und Nachfolger einer gegebenen Zahl.	kann zweistellige Zahlen sicher lesen und sortieren, bei dreistelligen Zahlen treten meist Fehler auf, wenn die Zahl an der Zehnerstelle eine Null hat.	Additionsaufgaben im Zahlenraum bis 20 löst er durch Weiterzählen, dabei geht er häufig bewusst von der größeren Zahl aus. Subtraktionsaufgaben im Zahlenraum bis 20 gelingen, wenn er die Objekte einzeln zählen kann.	Aufgaben zum Vervielfachen und Verteilen gelingen, wenn alle Objekte zur Verfügung stehen.

4.4 Dokumentation der Interviewergebnisse

Den Aufgaben zu den Vorläuferfähigkeiten in Teil V werden keine Ausprägungsgrade zugewiesen (vgl. 2.4). Hilfreich ist diesbezüglich die Erfassung der richtigen und falschen Antworten mit Hilfe der unter 7.6 bereitgestellten Kopiervorlage, in der die Ergebnisse der Befragung mehrerer Kinder zusammengefasst werden können. Die Erzieherin bekommt so einen schnellen Überblick über die Ausbildung von Vorläuferfähigkeiten bei den künftigen Schulanfängern ihrer Gruppe. Auch für die Lehrkraft in der Grundschule liefert die Übersicht Hinweise über Bereiche, in denen noch mehrere Kinder einer Klasse Schwierigkeiten haben, und sie kann diese Kinder mit entsprechenden Aktivitäten in einer Kleingruppe gezielt fördern.

Mit Hilfe der Kopiervorlage für die „Klassenauswertung" (siehe 7.7) lässt sich schnell eine Übersicht über die Ausprägungsgrade mathematischer Leistungen innerhalb einer ganzen Klasse oder einer Teilgruppe erstellen. Nun wird auf einen Blick deutlich, welche Kinder welche Ausprägungsgrade erreicht haben, wo diesbezügliche Schwerpunkte sind und welche Kinder nach oben oder unten stark abweichen. Die Befunde ermöglichen der Lehrerin oder dem Lehrer ferner die Evaluation des Unterrichts zu bestimmten Inhalten. Gelingt einer Mehrzahl von Kindern z. B. auch nach intensiver Behandlung im Unterricht noch nicht der Einsatz von grundlegenden oder abgeleiteten Strategien zur Addition (vgl. 7.3), ist das ein Hinweis darauf, dass diesbezüglich im Unterricht erneut Schwerpunkte gesetzt werden müssen und eventuell ein alternativer methodischer Zugang eröffnet werden sollte.

Im Folgenden sollen abschließend die vielseitigen Einsatzmöglichkeiten des EMBI aufgezeigt und illustriert werden. Aufgrund seines spezifischen Konzepts lässt sich das EMBI flexibel in unterschiedlichen Konstellationen förderdiagnostisch integrieren und schulisch wie außerschulisch einsetzen.

5. Einsatzmöglichkeiten des Interviews

Hinsichtlich des Einsatzes des *Elementarmathematischen Basisinterviews* lassen sich vielfältige Möglichkeiten beschreiben (siehe Spindeler 2004). Da das Interview für Kinder im Alter von 5 bis 8 Jahren konzipiert ist, erstrecken sich die Einsatzmöglichkeiten vom Kindergarten über Vorschulklassen bis zum mathematischen Anfangsunterricht im ersten und zweiten Schuljahr. Bei Kindern mit auffälligen Schwierigkeiten beim Mathematiklernen kann ein Einsatz auch in der dritten oder vierten Klasse noch sinnvoll sein, um die beobachteten Schwierigkeiten differenziert erfassen und entsprechend fördern zu können. Darüber hinaus kann das EMBI sowohl in der gesamten Lerngruppe als auch bei ausgewählten Kindern individuell eingesetzt werden. Im Folgenden sollen die verschiedenen Einsatzmöglichkeiten im Detail beschrieben werden.

5.1 Vorschulischer Einsatz

Im Sinne der oben angesprochenen Früherkennung von potenziellen Risikokindern in Bezug auf das Mathematiklernen bietet sich der Einsatz bereits im letzten Kindergartenjahr vor der Einschulung an. Das EMBI hilft der Erzieherin bzw. dem Erzieher die Entwicklung mathematischer Vorläuferfähigkeiten gezielt zu beobachten und zu erfassen und das Kind ggf. bereits vorschulisch entsprechend zu fördern, um einen möglichst erfolgreichen Schulanfang vorzubereiten.

Auch bei Kindern mit bereits elaborierten und altersuntypischen mathematischen Fähigkeiten gibt der Einsatz differenziert Aufschluss über individuelle Stärken und Schwächen. So haben wir häufig beobachten können, dass Kinder, deren Kompetenzen im Bereich „Zählen und Rechnen" schon weit fortgeschritten waren, geometrische Aufgaben nicht auf ähnlichem Niveau lösen konnten. Hier bietet sich dann ein Ansatzpunkt für entsprechende spielerische Aktivitäten im Kindergarten, die die Kinder herausfordern und fördern.

Ideal ist die Zusammenarbeit von Kindergarten und Grundschule beim Übergang. Hat bereits die Erzieherin mit dem EMBI gearbeitet, können entsprechende Beobachtungen, Befunde und evtl. Förderbemühungen (unter Einbeziehung und mit Einverständnis der Eltern) leicht mit der Grundschullehrkraft ausgetauscht werden, die dann wiederum bei ihren diagnostischen Bemühungen einen entsprechenden Ansatzpunkt hat. Für viele Kinder wird darüber hinaus der Übergang vom Kindergarten zur Grundschule positiv unterstützt, wenn ihnen im Anfangsunterricht Aktivitäten und Materialien begegnen, die sie bereits aus dem Kindergarten kennen.

5.2 Schulischer Einsatz

Bewährt hat sich nach unseren Erfahrungen der Einsatz des EMBI in Form einer *mathematischen Schuleingangsdiagnostik*. In Partnerschulen der Universität Kassel werden alle künftigen Schulanfänger/-innen mit Hilfe des EMBI befragt, um den Stand der Entwicklung ihres mathematischen Denkens zu dokumentieren und u.a. potenzielle Risikokinder beim Mathematiklernen von Anfang an schulisch entsprechend fördern zu können. Angesichts der erheblichen seelischen Belastungen, die massive Rechenschwierigkeiten für die Kinder und ihre Familien mit sich bringen, gilt es diesbezüglich, durch frühzeitige Intervention präventiv zu arbeiten und die Kinder gezielt zu fördern.

Lorenz (2006) verweist darauf, dass die kognitiven Voraussetzungen zum Erwerb der arithmetischen Schulinhalte bei Schuleintritt nicht erfasst werden, da die medizinische Schuleingangsdiagnostik andere Schwerpunkte legt. Somit bleiben die Ursachen der zukünftigen Störung unerkannt, „da notwendige und nicht hinreichende Fähigkeiten im Vorschulalter aufgrund mangelnder Anforderungssituationen nicht beobachtet werden oder die Störungen durch andere kognitive Fähigkeiten kompensiert werden können" (S. 55).

Mit dem EMBI liegt in Bezug auf den Teil V (vgl. 2.2) zum einen ein geeignetes Instrument für die handlungsleitende Diagnostik von mathematischen Vorläuferfähigkeiten (siehe dazu Peter-Koop

& Grüßing 2007) am Schulbeginn vor. Zum anderen können ergänzend dazu die Interviewteile A bis D eingesetzt werden, um ggf. den über Vorläuferfähigkeiten bereits hinausgehenden Stand der individuellen Entwicklung von Zahlbegriff und Operationsverständnis zu erheben. Somit kann speziell auch den leistungsstärkeren Kindern Rechnung getragen werden, die im mathematischen Anfangsunterricht von Anfang an entsprechend herausgefordert werden wollen und gern ihrer Lehrerin oder ihrem Lehrer zeigen, was sie bereits alles wissen und können. Durch die Einhaltung der Abbruchkriterien wird dabei sichergestellt, dass die Kinder nicht überfordert werden.

Gute Erfahrungen haben wir mit dem EMBI auch in altersgemischten Eingangsklassen gemacht, in denen differenzierte Verfahren zur Erhebung der individuellen Lernstandsentwicklung besonders wichtig sind.

Bei Kindern mit besonderem Förderbedarf sind die Ergebnisse des EMBI eine geeignete Grundlage für den Austausch zwischen der Grundschullehrerin und der Förderlehrkraft, unabhängig davon, ob die letztere eine integrative Förderung in der Regelklasse durchführt oder eine Förderung an einer Förderschule oder einer außerschulischen Bildungseinrichtung.

Idealerweise dokumentieren weiterhin in jährlichem Abstand durchgeführte Interviews am Ende des ersten und des zweiten Schuljahres die Entwicklung der individuellen Leistungen der Schüler und Schülerinnen (vgl. dazu 4.3 sowie 5.5).

Basierend auf entsprechenden Unterrichtsbeobachtungen kann bei einigen Kindern jedoch bereits eine Wiederholung des Interviews nach sechs Monaten angezeigt sein. So kann u. a. ein möglicher Weise auftretender Stillstand oder Rückschritt bezüglich der mathematischen Lernentwicklung auf einzelnen Gebieten frühzeitig erkannt werden.

5.3 Einsatz bei allen Kindern einer Lerngruppe

Ab Schulbeginn eignet sich das EMBI für den Einsatz in der gesamten Klasse – sowohl in altershomogenen als auch in altersgemischten Lerngruppen. Beim Einsatz im Kindergarten, wo meist altersgemischte Gruppen von Kindern im Alter von 3 bis 6 Jahren vorherrschen, sollte es dagegen hauptsächlich mit den zukünftigen Schulanfängerinnen und Schulanfängern, d.h. den fünf- und sechsjährigen Kindern durchgeführt werden, um eine Überforderung jüngerer Kinder zu vermeiden.

Während das Interview bei Kindergartenkindern im Sinne eines Screenings der frühzeitigen Erkennung von potenziellen Risikokindern in Bezug auf das Mathematik lernen (siehe auch Kap. 2.2) dienen kann – einschließlich der Überprüfung des Erfolgs von evtl. individuellen Fördermaßnahmen – hilft der halbjährliche Einsatz im Anfangsunterricht bei der Dokumentation der Entwicklung der individuellen wie kollektiven Mathematikleistung. Besonders die Klassenauswertung (siehe Kopiervorlage unter 7.7) schärft den Blick für Inhaltsbereiche und Teilkompetenzen, bei denen die Leistungen einer Vielzahl von Schülerinnen und Schülern unerwartet hoch oder auch unerwartet niedrig ausfallen und die daher einer veränderten oder vertiefenden Behandlung im Unterricht bedürfen. Die Planung und Vorbereitung des Unterrichts wird durch die Kenntnis darüber erleichtert, welche und wie viele Kinder welche Leistungen in den einzelnen Ausprägungsgraden zeigen.

Die folgende als Beispiel gedachte Übersicht der EMBI-Ergebnisse einer ersten Klasse (die Kinder wurden wenige Wochen nach ihrer Einschulung interviewt) zeichnet hinsichtlich der Entwicklung von Zählkompetenz folgendes Bild.

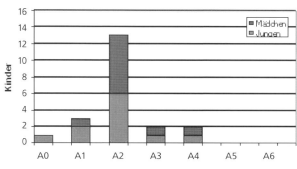

Von 21 Schüler/-innen können 13 eine Menge mit mindestens 20 Elementen ohne Schwierigkeiten abzählen, d. h. sie befinden sich in Ausprägungsgrad A2. Für diese Kinder sollte im Unterricht daher das Vorwärts- und Rückwärtszählen in Einerschritten sowie das Zählen in Zweier-, Fünfer- und Zehnerschritten im Mittelpunkt stehen. Der Junge in Ausprägungsgrad A 0 sowie die drei Kinder in A1 haben offenbar noch besonderen Unterstützungsbedarf beim synchronen Zählen (d. h. jedes Objekt wird genau einmal gezählt und dabei kurz berührt) sowie beim resultativen Zählen (d. h. beim Abzählen von Mengen auch ohne mit den Fingern auf die einzelnen Objekte zu zeigen). Die vier Kinder in den Ausprägungsgraden 3 und 4 hingegen sollten das Zählen in Schritten von beliebigen Startzahlen aus üben.

Zu wissen, welche Kinder welchen Unterstützungsbedarf haben, hilft der Lehrkraft bei der Planung von kooperativen Lernumgebungen, in denen zum einen die Kinder mit gleichen Fähigkeiten gemeinsam an für sie angemessenen Aufgaben arbeiten und sich z. B. gegenseitig kontrollieren, oder zum anderen ein leistungsstärkeres Kind ein leistungsschwächeres Kind gezielt bei seinen Zählübungen begleiten und unterstützen kann.

Lehrerinnen und Lehrer, die mit dem EMBI während der Erprobungsphase intensiv gearbeitet haben, berichten ferner, dass sich die detaillierten Befunde des Interviews sehr hilfreich beim Verfassen von Lernstandsberichten (in Form von Noten- oder Berichtszeugnissen) und auch als fundierte Grundlage bei Elterngesprächen erwiesen haben. So zeigten sich viele Eltern an den umfassenden und präzisen Informationen zur Lernentwicklung ihrer Kinder interessiert – zumal diese Art von Befunden bezogen auf das einzelne Kind eine ideale Grundlage für die Entwicklung von individuellen Förderplänen liefert.

5.4 Einsatz bei einer gezielt ausgewählten Gruppe von Kindern

Erscheint die regelmäßige jährliche Durchführung des Interviews mit allen Kindern einer Klasse aus organisatorischen bzw. personellen Gründen nicht möglich, kann die Bildung einer kleineren Stichprobe eine sinnvolle Alternative sein. Hierzu wählt die Lehrkraft gezielt jeweils 2–4 Kinder aus, deren Leistungen sie als gut, durchschnittlich bzw. schwach einschätzt. Die Interviewbefunde vermitteln nun ein genaueres Bild über Unterschiede in der mathematischen Leistungsentwicklung der Schüler-/innen und bilden die Grundlage für die weitere Unterrichtsplanung auf der Basis von Aktivitäten und Lernumgebungen, die Kindern aus allen drei Gruppen weitere Lernfortschritte ermöglichen.

5.5 Einsatz bei einzelnen Kindern mit auffälligen Mathematikleistungen

Unabhängig von Alter oder Klassenstufe kann das EMBI natürlich auch gezielt bei einzelnen Kindern eingesetzt werden. Besonders bei Kindern mit auffälligen Mathematikleistungen, d. h. entweder besonders schwachen oder auch altersgemäß eher unerwartet hohen Leistungen, gibt der Einsatz des EMBI meist detailliert Aufschluss über die Qualität der besonderen Fähigkeiten oder Schwierigkeiten. Nur wenn Lehrerinnen und Lehrer in der Lage sind, besondere Leistungen oder auch individuelle Schwierigkeiten in Bezug auf die verwendeten oder noch nicht vorhandenen Strategien und Lösungswege zu verstehen, können sie die betreffenden Kinder individuell optimal fördern und fordern. Die beiden Beispiele von *Walentina* und *Malte* veranschaulichen die diesbezüglichen Erkenntnischancen des EMBI.

Darüber hinaus liefert das EMBI im Rahmen der in vielen Bundesländern derzeit aktuellen bildungspolitischen Diskussion um individualisierende Konzepte des Mathematiklehrens und -lernens und entsprechende Anforderungen an den Unterricht die hierfür erforderlichen diagnostischen Befunde.

Walentina

Die sechsjährige Walentina geht seit einigen Monaten in die erste Klasse. Sie und ihre Familie sind vor einem Jahr von Kasachstan nach Deutschland gezogen. Walentina ist im Unterricht ein sehr stilles, unauffälliges Kind. Sie spricht noch nicht gut Deutsch und bekommt deshalb in Sprache einmal pro Woche speziellen Förderunterricht. Auch im Mathematikunterricht scheint sie Schwierigkeiten zu haben. Immer häufiger wirkt sie abwesend und kann auf Fragen der Lehrerin oft nicht antworten. Die Lehrerin ist zudem nicht sicher, ob Walentina bei den Hausaufgaben, die fast immer richtig sind, Hilfe von älteren Geschwistern hat. Gerade aufgrund ihrer noch schwachen Deutschkenntnisse erscheint der materialgestützte Zugang des EMBI hilfreich bei der Leistungsüberprüfung. Nachdem Walentina ihre anfängliche Schüchternheit überwunden hat, scheint sie die individuelle Zuwendung im Rahmen der Interviewsituation zu genießen und hat offenbar Spaß daran zu zeigen, was sie schon alles kann. Die Auswertung der Interviewbefunde belegt, dass ihre Mathematikleistungen weitgehend unauffällig sind und den Erwartungen im Rahmen des ersten Schuljahres entsprechen. Es wird deutlich, dass nicht fehlendes mathematisches Wissen der Grund für ihre schwache Beteiligung am Unterricht ist, sondern ihre sich noch entwickelnden Deutschkenntnisse. Die Möglichkeit der Artikulation ihrer Lösungsansätze und Strategien mit Hilfe von Material, auf die die Lehrerin im folgenden im Mathematikunterricht besonders achtet, erlaubt ihr nun auch eine stärkere Beteiligung am Unterricht und bestätigt sie in ihrem Können.

Malte

Der siebenjährige Malte erweist sich im ersten Schuljahr als typischer Klassenkasper. Bereits nach wenigen Wochen zeigt er sich besonders im Mathematikunterricht unkonzentriert und lustlos und stört häufig den Unterricht durch kleine Showeinlagen. Oft fängt er mit Arbeitsaufträgen gar nicht erst oder sehr spät an. Häufig finden sich Fehler, die aus Sicht seiner Lehrerin eher Flüchtigkeitsfehler sind, denn zum Teil überrascht er im Unterricht mit komplexen und gut durchdachten Antworten – auch in Situationen, in denen er den Eindruck erweckt, er sei gar nicht bei der Sache.

Dass er im Zahlenraum bis 100 sicher zählen kann, hat die Lehrerin bereits beobachtet, daher verzichtet sie bei der Durchführung des EMBI auf das Abzählen der Bären und bittet Malte zum Einstieg gleich von 53 an weiterzuzählen. Malte fühlt sich offenbar sofort ernst genommen und herausgefordert und absolviert diese wie auch die folgenden Aufgaben mit großer Konzentration und fast immer korrekt. Die Auswertung des Interviews ergibt, dass er im Bereich „Zahlen und Operationen" bereits über Kompetenzen verfügt, wie sie am Ende des zweiten Schuljahres erwartet werden. Seine Unlust ist offenbar mit Unterforderung zu erklären. Die Lehrerin bemüht sich daher von nun an, Maltes Spaß am Fach Mathematik zu erhalten, indem sie zum einen einen speziellen Aufgabensatz mit „Knobelaufgaben" für ihn zusammenstellt, den er in Freiarbeitsphasen mit großer Ausdauer und Freude bearbeitet. Zum anderen versucht sie im Unterricht darauf zu achten, differenzierende Aufgabenformate einzusetzen, die auf verschiedenen Niveaus lösbar sind und Kindern wie Malte besondere Herausforderungen bieten. Zahlenketten gehören dabei zu Maltes Lieblingsaufgaben.

5.6 Wiederholter Einsatz

Um die Interviewzeit nicht unnötig zu verlängern und Kinder möglichst nicht zu unterfordern, sollte bei einer wiederholten Durchführung des Interviews, z. B. nach 12 Monaten, nicht erneut mit der jeweils ersten Aufgabe in den Bereichen A–D begonnen werden. Es hat sich vielmehr bewährt, bei wiederholter Durchführung bei den Aufgaben anzusetzen, deren Anforderungen zu dem zuletzt festgestellten Ausprägungsgrad führen.

Hat ein Kind z. B. in Bezug auf Stellenwerte den Ausprägungsgrad B 3 erreicht (d. h. es konnte im Teil B bereits alle Aufgaben mit dreistelligen Zahlen lösen), ist es nicht sinnvoll, erneut sämtliche Aufgaben mit ein- und zweistelligen Zahlen bearbeiten zu lassen. Bei dieser Ausgangslage setzt man gleich bei den Aufgaben mit dreistelligen Zahlen ein und überprüft somit die Sicherheit im Umgang mit dreistelligen Zahlen, bevor der Umgang mit Zahlen mit vier oder mehr Stellen thematisiert wird. Wurde hingegen im Unterricht beobachtet, dass bei drei- oder auch zweistelligen Zahlen vereinzelt noch Schwierigkeiten auftraten, würde man noch mal bei den diesbezüglichen Aufgaben einsetzen.

Unserer Erfahrung nach empfiehlt sich besonders bei Kindern mit problematischen Mathematikleistungen eine erneute Durchführung des Interviews nach sechs Monaten, um im Kontext entsprechender Fördermaßnahmen diesbezügliche Fortschritte oder auch weitergehende Schwierigkeiten präzise diagnostizieren zu können.

6. Literaturverzeichnis

Bruner, Jerome (1972). *Der Prozess der Erziehung.* Berlin: Berlin-Verlag.

Grüßing, Meike & Peter-Koop, Andrea (2007). Mathematische Frühförderung – Inhalte, Aktivitäten und diagnostische Beobachtungen. In Christiane Brokmann-Nooren, Iris Gereke, Hanna Kiper & Wilm Renneberg (Hrsg.), *Bildung und Lernen der Drei- bis Achtjährigen.* Bad Heilbrunn: Klinkhardt.

Grüßing, Meike (2006). Handlungsleitende Diagnostik und mathematische Frühförderung im Übergang vom Kindergarten zur Grundschule. In Meike Grüßing & Andrea Peter-Koop (Hrsg.), *Die Entwicklung mathematischen Denkens in Kindergarten und Grundschule* (S. 122–132). Offenburg: Mildenberger.

Hasemann, Klaus (2003). *Anfangsunterricht Mathematik.* Heidelberg: Spektrum.

Kaufmann, Sabine (2003). *Früherkennung von Rechenstörungen in der Eingangsklasse der Grundschule und darauf abgestimmte remediale Maßnahmen.* Frankfurt/Main: Lang.

Krajewski, Kristin (2003). *Vorhersage von Rechenschwäche in der Grundschule.* Hamburg: Kovač.

Kultusministerkonferenz (2005). *Bildungsstandards im Fach Mathematik für den Primarbereich. Beschluss vom 15.10.2004.* München: Luchterhand.

Lorenz, Jens Holger (2006). Förderdiagnostische Aufgaben für Kindergarten und Anfangsunterricht. In Meike Grüßing & Andrea Peter-Koop (Hrsg.), *Die Entwicklung mathematischen Denkens in Kindergarten und Grundschule* (S. 55–66). Offenburg: Mildenberger.

Peter-Koop, Andrea & Grüßing, Meike (2007). Bedeutung und Erwerb mathematischer Vorläuferfähigkeiten. In Christiane Brokmann-Nooren, Iris Gereke, Hanna Kiper & Wilm Renneberg (Hrsg.), *Bildung und Lernen der Drei- bis Achtjährigen.* Bad Heilbrunn: Klinkhardt.

Peter-Koop, Andrea (2002). Kommunikation von Denk- und Lösungsstrategien – Aufgaben für Förderung und Forschung. In Andrea Peter-Koop & Peter Sorger (Hrsg.), *Mathematisch begabte Kinder als schulische Herausforderung* (S. 142–149). Offenburg: Mildenberger.

Schipper, Wilhelm (2002). „Schulanfänger verfügen über hohe mathematische Kompetenzen. Eine Auseinandersetzung mit einem Mythos." In Andrea Peter-Koop (Hrsg.), *Das besondere Kind im Mathematikunterricht der Grundschule* (S. 119–140). Offenburg: Mildenberger.

Spindeler, Brigitte (2004). Lehrergeführte Schülerinterviews – Basis handlungsleitender Diagnostik? In Aiso Heinze & Sebastian Kuntze (Hrsg.), *Beiträge zum Mathematikunterricht* (S. 561–564). Hildesheim: Franzbecker.

Wollring, Bernd (2006). „Welche Zeit zeigt deine Uhr?" Handlungsleitende Diagnostik für den Mathematikunterricht der Grundschule. *Friedrich Jahresheft 14*, 64–67.

7. Instrumente und Materialübersicht

7.1 Interviewleitfaden

Hinweis:

Kindergarten- und Vorschulkinder beginnen das Interview mit Teil V. Ist ein Kind hier weitgehend erfolgreich, machen Sie mit Teil A weiter. Grundschulkinder beginnen mit Teil A. Sollte ein Erst- oder Zweitklässler bei Aufgabe A1 nicht erfolgreich 20 Bären abzählen können, fahren Sie mit Teil V fort. Entscheiden Sie nach der Durchführung von Teil V, ob Sie das Interview in den Teilen B–D fortsetzen. Dies ist nur ratsam, wenn im V-Teil deutlich wird, dass entsprechende Vorläuferfertigkeiten vorhanden sind.

Bitte lesen Sie vor der ersten Durchführung des Interviews in jedem Fall die Kapitel 2 bis 4 im Handbuch!

Teil V: (Vorschulteil): Für Kindergarten- und Vorschulkinder

V 1 Einfache Zählaufgaben/Mengenkonstanz; kleiner/größer

Aufg.	Material	Interviewer-Handlung	Interviewer-Text
V 1a	je 4 gelbe, grüne, rote und 6 blaue Bären (Bitte aus der Box mit den 50 Bären aus Teil A entnehmen.)	Stellen Sie die 18 Bären unsortiert vor das Kind.	Bitte stell die gelben Bären zusammen.
V 1b	wie vorher		Wie viele gelbe Bären sind es?
V 1c	wie vorher		Nimm 3 grüne Bären und stell sie neben die 4 gelben Bären. Sind es mehr grüne oder mehr gelbe Bären? Schieb die gelben und grünen Bären zur Seite.
V 1d	wie vorher	Hat das Kind sie bereits in eine Reihe gestellt, bitten Sie das Kind:	Bitte nimm dir fünf blaue Bären. Stell sie nun in eine Reihe. Schieb Sie alle zusammen.
V 1e	wie vorher		Wie viele blaue Bären sind es?

V 2 Lagebezeichnungen, Muster, Ordinalzahlen

Aufg.	Material	Interviewer-Handlung	Interviewer-Text
V 2a	wie vorher		Nimm dir bitte einen gelben Bär*.
			Stell einen blauen Bär *daneben*.
			Stell jetzt einen grünen Bär *hinter* den blauen Bär.
			Stell nun den grünen Bär *vor* den blauen Bär.
		Legen Sie ein Muster mit den Bären (grün, gelb, blau, blau, grün, gelb, blau, blau) vor das Kind.	Schau zu, was ich jetzt mit den Bären mache!
		Zeigen Sie auf je einen Bären.	
		Stellen Sie sicher, dass das Kind die Farben erkennt und benennen kann.	Ich habe ein Muster mit den Bären gelegt. Nenn mir bitte die Farbe, auf die ich zeige.
V 2c	wie vorher	Geben Sie dem Kind die restlichen Bären.	Lege bitte das gleiche Muster darunter.
V 2d	wie vorher	Hat das Kind das Muster richtig nachgelegt, zeigen Sie auf das Muster des Kindes. Ist es falsch, zeigen Sie auf Ihr Muster.	Setze das Muster fort.
V 2e			Woher weißt du, wie das Muster fortgesetzt wird?
V 2f	wie vorher	Zeigen Sie auf den grünen Bären, der an erster Stelle steht.	Der grüne Bär ist der erste in meinem Muster. Zeig auf den Dritten. Welche Farbe hat der dritte Bär? Zeig auf den Fünften. Welche Farbe hat der fünfte Bär?

Sag mir die Farbe der Bären (handschriftliche Notiz)

* Grammatikalisch korrekt müsste es hier Bären heißen. Um gerade jüngere Kinder nicht zu verunsichern (sie könnten die Endung en als Plural deuten), schlagen wir die Formulierung *Bär* vor. Synonym können Sie auch durchgängig den Begriff *Teddy* verwenden.

20

V 3 Simultanes Erfassen / Zuordnen von Zahlen zu Mengen, Anordnen / Eins-zu-eins-Zuordnung

Aufg.	Material	Interviewer-Handlung	Interviewer-Text
V 3a	5 blaue Punktekarten, 1 unbeschriebene blaue Karte	Zeigen Sie jede blaue Karte nur für etwa 2 Sekunden in der folgenden Reihenfolge und Lage.	Ich zeige dir jetzt ein paar Karten. Ich zeige dir jede Karte nur kurz und du sagst mir, wie viele Punkte du siehst.

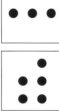

Aufg.	Material	Interviewer-Handlung	Interviewer-Text
V 3b	5 blaue Punktekarten, 1 unbeschriebene Karte, blaue Zahlenkarten (0–9)	Legen Sie alle Karten so hin, wie es oben gezeigt wird. Legen Sie die blauen Karten mit den Ziffern 0–9 gut sichtbar und unsortiert zwischen dem Kind und den Punktekarten aus.	Ordne die Zahlen den Punktekarten zu.
		Ist das Kind verwirrt, dass mehr Zahlenkarten als Punktekarten daliegen, erklären Sie ihm:	Du musst nicht alle Zahlenkarten benutzen.
V 3c	blaue Zahlenkarten mit 1–9	Nur die Zahlenkarten bleiben auf dem Tisch.	Ordne die Zahlenkarten von der kleinsten bis zur größten Zahl.
V 3d	blaue Zahlenkarte mit der 0	Ist das Kind erfolgreich, geben Sie ihm die Karte mit der Null.	Wohin gehört die?
V 3e			Zeige mir bitte 6 Finger. *falls gelungen:* Kannst du mir 6 Finger auch noch anders zeigen? Geht das auch noch anders?
V 3f			Welche Zahl kommt *nach 4*? *nur bei korrekter Antwort weiterfragen:* … nach 10? … nach 15?

Aufg.	Material	Interviewer-Handlung		Interviewer-Text
V 3g				Welche Zahl kommt *vor* 3? (nur bei korrekter Antwort weiterfragen:) ... vor 12? ... vor 20?
V 3h	5 Holzklötze, 9 rote Bären	Stellen Sie fünf Holzklötze in einer Reihe auf. Geben Sie dem Kind die 9 Bären.		Lege zu jedem Holzklotz einen Bär.
V 3i	3 Bleistifte aus Pappe (20 cm, 5 cm, 10 cm)	Legen Sie drei Papp-Bleistifte in folgender Reihenfolge von links nach rechts auf den Tisch: 20 cm, 5 cm, 10 cm		Dies hier sind Bleistifte. Ordne die 3 Bleistifte vom kleinsten zum größten Stift. Zeig mir bitte den größten Bleistift. Zeig mir bitte den kleinsten Bleistift.
V 3j	4 Bleistifte aus Pappe (10 cm, 20 cm, 5 cm, 15 cm)	Wenn Aufgabenteil V 3i korrekt gelöst wurde, fügen Sie noch den 15 cm langen Papp-Bleistift hinzu. Diesmal in folgender Reihenfolge: 10 cm, 20 cm, 5 cm, 15 cm von links nach rechts.		Ordne jetzt diese 4 Bleistifte vom kleinsten zum größten Stift. Zeig mir bitte den größten Bleistift. Zeig mir bitte den kleinsten Bleistift.

Teil A: Zählen

A 1 Wie viele Bären?

Aufg.	Material	Interviewer-Handlung	Interviewer-Text	Abbruchkriterien
A 1	Box mit 50 Bären (je 12 gelbe, grüne, blaue und 14 rote) Bärenschachtel	Zeigen Sie dem Kind den Behälter mit den Bären und stellen ihn zusammen mit der leeren Bärenschachtel vor das Kind. Darauf achten, dass mind. 20 Bären in der Bärenschachtel sind.	Nimm bitte eine große Hand voll Bären. … *ggf.:* Tu noch ein paar Bären dazu, bis die Bärenschachtel voll ist. Was meinst du, wie viele Bären sind in der Schachtel? Was schätzt du? Zähle bitte nach, wie viele es sind.	falls ein Erst- oder Zweitklässler noch nicht 20 Bären abzählen kann, an dieser Stelle Teil V durchführen, dann ggf. weiter im Interview unter Beachtung der Abbruchkriterien

A 2 Vorwärts-/Rückwärtszählen; Unterbrechen der Zählreihe

Aufg.	Material	Interviewer-Handlung	Interviewer-Text	Abbruchkriterien
A 2a			Bitte zähle in Einerschritten ohne die Bären. Fang bei 1 an zu zählen. Ich sage dir, bis wohin. (32)	nicht erfolgreich, dann A 2e
A 2b			Fang bei 53 an zu zählen. Ich sage dir, bis wohin. (62)	n. erfolgr., dann A 2d
A 2c			Fang bei 84 an zu zählen. Ich sage dir, bis wohin. (113)	
A 2d		Zögert das Kind, sagen Sie:	Zähle von 24 rückwärts. Ich sage dir bis wohin. (15). 24, 23, …	richtig, dann A 3 n. erfolgr., dann A 2e
A 2e		Zögert das Kind, sagen Sie:	Zähle von 10 rückwärts. Ich sage dir bis wohin. (0). 10, 9, …	nicht erfolgreich, dann A 7

nur, wenn 2 d falsch war

23

A 3 Vorgänger/Nachfolger

Aufg.	Material	Interviewer-Handlung	Interviewer-Text	Abbruchkriterien
A 3			Wenn du vorwärts zählst, welche Zahl kommt *nach* 56? Welche Zahl kommt *vor* 56?	

A 4 Von 0 aus in 10er-, 5er- und 2er-Schritten zählen

Aufg.	Material	Interviewer-Handlung	Interviewer-Text	Abbruchkriterien
A 4		Wenn das Kind den Ausdruck „Schritte" nicht kennt, dann erklären Sie: Unterbrechen Sie das Kind nach 110 (55, 30).	Zähle von 0 aus in 10er-Schritten (5er-, 2er-Schritten), so weit du kannst. Immer 10 bzw. 5 bzw. 2 dazu	nicht erfolgreich, dann A 7

A 5 Von x > 0 aus in 10er- und 5er-Schritten zählen

Aufg.	Material	Interviewer-Handlung	Interviewer-Text	Abbruchkriterien
A 5		Unterbrechen Sie das Kind nach 103.	Beginne von 23 aus in 10er-Schritten zu zählen.	nicht erfolgreich, dann A 7
		Unterbrechen Sie das Kind nach 44.	Beginne von 24 aus in 5er-Schritten zu zählen	nicht erfolgreich, dann A 7

A 6 Von x > 0 aus in 3er- und 7er-Schritten zählen

Aufg.	Material	Interviewer-Text	Interviewer-Handlung	Abbruchkriterien
A 6		Beginne von 11 aus in 3er-Schritten zu zählen.	Unterbrechen Sie das Kind nach 35.	nicht erfolgreich, dann A 7
		Beginne von 20 aus in 7er-Schritten zu zählen	Unterbrechen Sie das Kind nach 55.	nicht erfolgreich, dann A 7

11, 14, 17, 20, 23, 26, 29, 32, 35

20, 27, 34, 41, 48, 55

A 7 Geld zählen

Aufg.	Material	Interviewer-Text	Interviewer-Handlung	Abbruchkriterien
A 7a	Umschlag mit Kleingeld (2,85 €)	Bitte zähle das Geld. Wie viel Geld ist es?	Bei diesen Aufgaben sind keine Notizen erlaubt. Geben Sie dem Kind den Umschlag mit dem Geld.	nicht erfolgreich, dann Teil B
A 7b	wie vorher	Wie viel Geld brauchst du noch, wenn du 5 € haben möchtest?	Jede Zählmethode, die zu einer richtigen Antwort führt, wird akzeptiert.	weiter mit Teil B

Teil B: Stellenwerte

B 8 Zahlen lesen

Aufg.	Material	Interviewer-Handlung	Interviewer-Text	Abbruchkriterien
B 8a	grüne Zahlenkarten (3, 8, 36, 83, 18, 147, 407, 1847)	Zeigen Sie dem Kind nacheinander die grünen Zahlenkarten. Brechen Sie bei der ersten Schwierigkeit ab.	Lies diese Zahlen bitte vor. (3, 8, 36, 83, 18, 147, 407, 1847)	richtig, dann B 9 Schwierigkeiten mit den Zahlen 3, 8, 36 oder 83, dann B 8b
B 8b	rote Zahlenkarten mit den Ziffern 0–9	Legen Sie die roten Ziffernkarten verdeckt auf den Tisch.	Nimm eine Karte und sag mir die Zahl, die darauf steht.	
B 8c	Karte mit der 7, Box mit den Bären aus Teil A	Zeigen Sie auf die Karte mit der 7.	Gib mir bitte so viele Bären.	Schwierigkeiten mit einstelligen Zahlen in gesamter Aufgabe B 8, dann B 10

B 9 Zahlen am Taschenrechner

Aufg.	Material	Interviewer-Handlung	Interviewer-Text	Abbruchkriterien
B 9	Taschenrechner	Geben Sie dem Kind den Taschenrechner.	Hast du schon einmal einen Taschenrechner benutzt? Schalt ihn bitte an.	
B 9a	wie vorher	Das Kind soll die Eingabe nach jeder Zahl löschen. Unterbrechen Sie das Kind, wenn es nicht mehr erfolgreich ist.	Gib diese Zahlen in den Taschenrechner ein (7, 47, 60, 15, 724, 105, 2469, 6023).	
B 9b	wie vorher	Die Taschenrechnereingabe soll **nicht** gelöscht werden. Fahren Sie fort, bis der erste Fehler auftritt.	Such dir eine Zahl zwischen 2 und 9 aus und gib sie in den Taschenrechner ein. Lies die Zahl bitte vor. Gib eine andere Zahl zwischen 2 und 9 ein *(es entsteht eine zweistellige Zahl)*. Lies die Zahl bitte vor. Gib noch einmal eine andere Zahl zwischen 2 und 9 ein *(es entsteht eine dreistellige Zahl)*. Lies die Zahl bitte vor.	

B 10 Zahlen ordnen

Aufg.	Material	Interviewer-Handlung	Interviewer-Text	Abbruchkriterien
B 10a	einstellige Zahlenkarten (grün: 2, 5, 9)	Verteilen Sie die Karten auf dem Tisch. Lesen Sie die Zahlen nicht laut vor.	Hier sind einige Zahlen. Ordne sie von der kleinsten zur größten Zahl. Zeig mir bitte die größte Zahl. Zeig mir bitte die kleinste Zahl.	nicht erfolgreich, dann Teil C
B 10b	zweistellige Zahlenkarten (gelb: 19, 36, 74)	Verteilen Sie die Karten auf dem Tisch. Lesen Sie die Zahlen nicht laut vor.	*siehe oben*	nicht erfolgreich, dann B 11
B 10c	dreistellige Zahlenkarten (grün: 156, 403, 813)	Verteilen Sie die Karten auf dem Tisch. Lesen Sie die Zahlen nicht laut vor.	*siehe oben*	nicht erfolgreich, dann B 11
B 10d	vierstellige Zahlenkarten (gelb: 3569, 3659, 3956)	Verteilen Sie die Karten auf dem Tisch. Lesen Sie die Zahlen nicht laut vor.	*siehe oben*	

B 11 Bündeln

Aufg.	Material	Interviewer-Handlung	Interviewer-Text	Abbruchkriterien
B 11a	Holzstäbe (8 Bündel zu je 10 Stäben, 20 einzelne Stäbe)	Geben Sie die Möglichkeit, ein Bündel zu kontrollieren, wenn Sie es für angebracht halten.	Hier sind einzelne Holzstäbe in Zehnerbündeln. In jedem Bündel sind 10 Hölzer. Hier sind noch einzelne Holzstäbe.	
B 11b	Holzstäbe (8 Bündel zu je 10 Stäben, 20 einzelne Stäbe) weiße Karte mit der Zahl 36	Zeigen Sie die weiße Karte mit der 36. Beginnt das Kind einzeln zu zählen, unterbrechen Sie es und fragen Sie:	Gib mir bitte so viele Holzstäbe. Geht das auch schneller mit den Bündeln? Erzähl mir, wie du vorgegangen bist.	kein Benutzen der Bündel, dann Teil C

B 12 Hundertertafel

Aufg.	Material	Interviewer-Handlung	Interviewer-Text	Abbruchkriterien
B 12	Hundertertafel	Zeigen Sie dem Kind die Hundertertafel.	Welche Zahl gehört in das graue Feld? Woher weißt du das?	nicht erfolgreich, dann B 17

B 13 Tausendertafel

Aufg.	Material	Interviewer-Handlung	Interviewer-Text	Abbruchkriterien
B 13	Tausendertafel	Zeigen Sie dem Kind den Ausschnitt aus der Tausendertafel.	Dies ist eine andere Tabelle. Welche Zahl gehört in das graue Feld? Woher weißt du das?	nicht erfolgreich, dann B 17

B 14 Um 10 größer

Aufg.	Material	Interviewer-Handlung	Interviewer-Text	Abbruchkriterien
B 14	weiße Karte mit der Zahl 2791	Zeigen Sie dem Kind die weiße Karte mit der Zahl 2791. Geben Sie dem Kind einen Moment Zeit, sich die Zahl genau anzusehen.	Sag mir bitte die Zahl, die um zehn größer ist als diese Zahl. Wie hast du das herausgefunden?	nicht erfolgreich, dann B 16

B 15 Um 100 kleiner

Aufg.	Material	Interviewer-Handlung	Interviewer-Text	Abbruchkriterien
B 15	weiße Karte mit der Zahl 3027	Zeigen Sie dem Kind die weiße Karte mit der Zahl 3027 darauf. Geben Sie dem Kind einen Moment Zeit, sich die Zahl genau anzusehen.	Sag mir bitte die Zahl, die um 100 kleiner ist als diese Zahl. Wie hast du das herausgefunden?	

B 16 Einwohnerzahlen

Aufg.	Material	Interviewer-Handlung	Interviewer-Text	Abbruchkriterien
B 16a	Tabelle mit Einwohnerzahlen	Zeigen Sie dem Kind die Tabelle mit den Einwohnerzahlen. Zeigen Sie auf Unna.	Hier ist eine Tabelle mit deutschen Städten. Die Zahlen geben an, wie viele Menschen in den einzelnen Städten leben. Wie viele Menschen leben in Unna?	nicht erfolgreich, dann Teil C
B 16b	wie vorher	Zeigen Sie auf Leipzig.	Wie viele Menschen leben in Leipzig?	nicht erfolgreich, dann Teil C
B 16c	wie vorher	Zeigen Sie auf Köln.	Wie viele Menschen leben in Köln?	nicht erfolgreich, dann Teil C
B 16d	wie vorher		Zeig mir bitte die Stadt mit der drittgrößten Einwohnerzahl	nicht erfolgreich, dann Teil C
B 16e	wie vorher		Wie hast du das herausgefunden?	

B 17 Interpretieren des Zahlenstrahls

Aufg.	Material	Interviewer-Handlung	Interviewer-Text	Abbruchkriterien
B 17a	weiße Karte mit dem Zahlenstrahl 0–100	Zeigen Sie dem Kind den Zahlenstrahl. Zeigen Sie auf 0 und dann auf 100. Zeigen Sie jetzt auf die markierte Stelle.	Dieser Zahlenstrahl geht von 0 bis 100. Welche Zahl liegt ungefähr an dieser Stelle?	akzeptierter Bereich 55–75; nicht erfolgreich, dann Teil C
B 17b	weiße Karte mit dem Zahlenstrahl 0–2000	Zeigen Sie dem Kind den Zahlenstrahl. Zeigen Sie auf 0 und 2000. Zeigen Sie jetzt auf die markierte Stelle.	Dieser Zahlenstrahl geht von 0 bis 2000. Welche Zahl ist das ungefähr?	akzeptierter Bereich 500–600; nicht erfolgreich, dann Teil C
B 17c	weiße Karte mit dem Zahlenstrahl 39–172	Zeigen Sie dem Kind den Zahlenstrahl. Zeigen Sie auf 39 und 172. Zeigen Sie jetzt auf die markierte Stelle.	Dieser Zahlenstrahl geht von 39 bis 172. Welche Zahl ist das ungefähr?	akzeptierter Bereich 65–95; nicht erfolgreich, dann Teil C
B 17d	weiße Karte mit dem Zahlenstrahl 0–1.000.000	Zeigen Sie dem Kind den Zahlenstrahl. Zeigen Sie auf 0 und eine Million. Zeigen Sie jetzt auf die markierte Stelle.	Dieser Zahlenstrahl geht von 0 bis eine Million. Welche Zahl ist das ungefähr?	akzeptierter Bereich 700 000–800 000

Teil C: Strategien bei Addition und Subtraktion

C 18 Weiterzählen

Aufg.	Material	Interviewer-Handlung	Interviewer-Text	Abbruchkriterien
C 18a	13 rote Bären, Abdeckung		Gib mir bitte 4 rote Bären.	
C 18b	wie vorher	Zeigen Sie dem Kind die 9 Bären. Legen Sie diese 9 Bären neben die 4 roten Bären vor das Kind und verdecken Sie die 9 Bären mit dem Pappdeckel. Zeigen Sie auf die beiden Gruppen.	Ich habe hier 9 rote Bären. Darunter sind 9 Bären versteckt und hier sind 4 Bären. Wie viele Bären sind das zusammen? Wie hast du das herausbekommen?	richtig, dann C 19; Antwort ist nicht 13, dann C 18c
C 18c	wie vorher	Nehmen Sie den Deckel weg.		

Nur, wenn 18b falsch war

C 19 Rückwärtszählen

Aufg.	Material	Interviewer-Handlung	Interviewer-Text	Abbruchkriterien
C 19a			Ich erzähle dir eine Geschichte: Stell dir vor, du hast 8 Kekse für deine Frühstückspause und du isst 3 davon auf. Wie viele hast du dann noch? Wie hast du das herausbekommen?	richtig, dann C 20; nicht erfolgreich, dann C 19b
C 19b		Die Frage kann wiederholt werden, aber bitte keine weiteren Hinweise geben.	Können dir deine Finger helfen, es herauszubekommen?	nicht erfolgreich, dann C 21

C 20 Rückwärts- oder Vorwärtszählen

	Material	Interviewer-Handlung	Interviewer-Text	Abbruchkriterien
C 20			Ich habe 12 Erdbeeren und esse 9 davon. Wie viele Erdbeeren habe ich dann noch? Wie hast du das herausbekommen?	

C 21 Grundlegende Strategien

Aufg.	Material	Interviewer-Handlung	Interviewer-Text	Abbruchkriterien
C 21	fünf grüne Aufgabenkarten	Nehmen Sie die grünen Aufgabenkarten.	Ich habe hier ein paar Aufgaben.	
C 21a	Aufgabenkarte 4 + 4	Zeigen Sie die Aufgabenkarte 4 + 4.	Lies mir bitte die Aufgabe vor. Wie lautet das Ergebnis? Wie hast du das gerechnet?	nicht erfolgreich, dann Teil D
C 21b	Aufgabenkarte 2 + 9	Zeigen Sie die Aufgabenkarte 2 + 9.	siehe oben	nicht erfolgreich, dann Teil D
C 21c	Aufgabenkarte 4 + 6	Zeigen Sie die Aufgabenkarte 4 + 6.	siehe oben	nicht erfolgreich, dann Teil D
C 21d	Aufgabenkarte 27 + 10	Zeigen Sie die Aufgabenkarte 27 + 10.	siehe oben	nicht erfolgreich, dann Teil D
C 21e	Aufgabenkarte 10 – 7	Zeigen Sie die Aufgabenkarte 10 – 7.	siehe oben	nicht erfolgreich, dann Teil D; alle Aufgaben in C 21 richtig und mind. zwei verschiedene Strategien benutzt, dann C 22

C 22 Abgeleitete Strategien

Aufg.	Material	Interviewer-Handlung	Interviewer-Text	Abbruchkriterien
C 22	fünf gelbe Aufgabenkarten	Nehmen Sie die gelben Aufgabenkarten. Schreiben Sie die Antworten, ob falsch oder richtig, auf die gestrichelte Linie im Interviewprotokoll. Berücksichtigen Sie bei der Strategieentscheidung die Geschwindigkeit, in der das Kind die Aufgabe löst.	Nun kommen noch mehr Aufgaben.	
C 22a	Aufgabenkarte 12 – 6	Zeigen Sie die Aufgabenkarte 12 – 6.	Lies mir bitte die Aufgabe vor. Wie lautet das Ergebnis? Wie hast du das gerechnet?	nicht erfolgreich, dann Teil D
C 22b	Aufgabenkarte 7 + 8	Zeigen Sie die Aufgabenkarte 7 + 8.	*siehe oben*	nicht erfolgreich, dann Teil D
C 22c	Aufgabenkarte 19 –15	Zeigen Sie die Aufgabenkarte 19 – 15.	*siehe oben*	nicht erfolgreich, dann Teil D
C 22d	Aufgabenkarte 16 + 5	Zeigen Sie die Aufgabenkarte 16 + 5.	*siehe oben*	nicht erfolgreich, dann Teil D
C 22e	Aufgabenkarte 36 + 9	Zeigen Sie die Aufgabenkarte 36 + 9.	*siehe oben*	nicht erfolgreich, dann Teil D; alle Aufg. aus C 22 richtig und mind. zwei verschiedene Strategien benutzt, dann C 23

C 23 Strategien für Zahlen im Hunderterraum

Aufg.	Material	Interviewer-Handlung	Interviewer-Text	Abbruchkriterien
C 23	drei grüne Aufgabenkarten	Nehmen Sie die grünen Aufgabenkarten.	Ich habe noch mehr Aufgaben für dich.	
C 23a	Aufgabenkarte 68 + 32	Zeigen Sie die Aufgabenkarte 68 + 32.	Lies mir bitte die Aufgabe vor. Wie lautet das Ergebnis? Wie hast du das gerechnet?	nicht erfolgreich, dann Teil D
C 23b	Aufgabenkarte 25 + 99	Zeigen Sie die Aufgabenkarte 25 + 99.	siehe oben	nicht erfolgreich, dann Teil D
C 23c	Aufgabenkarte 100 – 68	Zeigen Sie die Aufgabenkarte 100 – 68.	siehe oben	nicht erfolgreich, dann Teil D
C 23d		Lesen Sie die Aufgabe bitte vor, es gibt hierzu keine Karte.	Was ist die Hälfte von 30? Wie hast du das gerechnet?	nicht erfolgreich, dann Teil D
C 23e		Lesen Sie die Aufgabe bitte vor, es gibt hierzu keine Karte.	Was ist das Doppelte von 26? Wie hast du das gerechnet?	nicht erfolgreich, dann Teil D

C 24 Wie viele Stellen

Aufg.	Material	Interviewer-Handlung	Interviewer-Text	Abbruchkriterien
C 24a	gelbe Karte mit der Aufgabe 134 + 689	Zeigen Sie die Karte mit der Aufgabe 134 + 689.	Lies bitte vor, was auf der Karte steht. Ist das Ergebnis größer als 1000 oder kleiner als 1000? Erkläre mir bitte deine Antwort.	falsche oder keine Antwort, dann Teil D
C 24b	grüne Karte mit der Aufgabe 1246 – 358	Zeigen Sie die Karte mit der Aufgabe 1246 – 358.	siehe oben	falsche oder keine Antwort, dann Teil D

C 25 Additionsaufgaben überschlagen und berechnen

Aufg.	Material	Interviewer-Handlung	Interviewer-Text	Abbruchkriterien
C 25	gelbe Karte mit der Aufgabe 347 + 589	Zeigen Sie die Karte mit der Aufgabe 347 + 589.	Lies mir bitte vor, was auf der Karte steht. Schätze[1] das Ergebnis. Wie groß ist das Ergebnis ungefähr?	kein Überschlag oder außerhalb des Bereichs 800–1000, dann Teil D
		Wenn es nötig ist, fragen Sie:	Kannst du das richtige Ergebnis im Kopf ausrechnen? (936)	
	(zusätzlich Stift und Papier bereitlegen)	Wenn „ja" (unsicher), ermutigen Sie das Kind. Wenn es beim Kopfrechnen nicht erfolgreich ist oder mit „nein" antwortet, dann bieten Sie Papier und Stift an und fragen:	Kannst du die Aufgabe jetzt lösen?	nicht erfolgreich, dann Teil D

C 26 Subtraktionsaufgaben abschätzen und berechnen

Aufg.	Material	Interviewer-Handlung	Interviewer-Text	Abbruchkriterien
C 26	grüne Karte mit der Aufgabe 642 – 376	Zeigen Sie die Karte mit der Aufgabe 642 – 376.	Lies mir bitte vor, was auf der Karte steht. Schätze[1] das Ergebnis. Wie groß ist das Ergebnis ungefähr?	kein Überschlag oder außerhalb des Bereichs 200–300, dann Teil D
		Wenn es nötig ist, fragen Sie:	Kannst du das richtige Ergebnis im Kopf ausrechnen? (266)	
	(zusätzlich Stift und Papier bereitlegen)	Wenn „ja" (unsicher), ermutigen Sie das Kind. Wenn es beim Kopfrechnen nicht erfolgreich ist oder mit „nein" antwortet, dann bieten Sie Papier und Stift an und fragen:	Kannst du die Aufgabe jetzt lösen?	weiter mit Teil D

[1] Verlangt ist hier überschlagendes Rechnen und nicht eine „willkürliche" Schätzung. Da das Kind den Begriff überschlagen evtl. nicht kennt, benutzen Sie stattdessen das Wort schätzen.

Teil D: Strategien bei Multiplikation und Division

D 27 Bären-Autos

Aufg.	Material	Interviewer-Handlung	Interviewer-Text	Abbruchkriterien
D 27	4 leere Schachteln, 12 rote Bären	Stellen Sie die 4 offenen Schachteln in eine Reihe und legen Sie die Bären dazu auf den Tisch.	Stell dir vor, das hier sind Bären-Autos. Setze in jedes Auto 2 Bären.	
D 27a	wie vorher		Wie viele Bären sind das zusammen? Wie hast du das herausgefunden?	wenn das Kind einzeln abzählt, dann D 27b; sonst D 28
D 27b	wie vorher	Wenn das Kind alle einzeln gezählt hat, fragen Sie:	Kannst du das auch anders lösen?	

D 28 Bären auf 4 Felder verteilen

Aufg.	Material	Interviewer-Handlung	Interviewer-Text	Abbruchkriterien
D 28	grüne Karte mit vier Feldern, 12 rote Bären	Zeigen Sie dem Kind die Karte mit den vier Feldern. Stellen Sie 12 Bären dazu.	Hier sind 4 Felder und hier sind 12 Bären. Verteile alle 12 Bären so auf die 4 Felder, dass in jedem Feld gleich viele Bären sind. Wie viele Bären sind in jedem Feld? Wie hast du das herausgefunden?	nicht erfolgreich, dann Interview beenden

D 29 Türme aus Steckwürfeln

Aufg.	Material	Interviewer-Handlung	Interviewer-Text	Abbruchkriterien
D 29a	3 Steckwürfel	Stecken Sie die drei Steckwürfel zu einem Turm zusammen. Lassen Sie das Kind ggf. nachzählen, um sich zu überzeugen, oder auseinandernehmen und neu zusammensetzen.	Hier ist ein Turm aus drei Steckwürfeln. Wie viele Steckwürfel brauchst du, wenn du 4 solcher Türme bauen willst? Wie hast du das herausgefunden?	nicht erfolgreich, dann Ende des Interviews
D 29b	wie vorher	Wenn das Kind alle Steckwürfel einzeln gezählt hat, fragen Sie:	Geht das auch anders, ohne dass du jeden einzelnen Steckwürfel zählst?	nicht erfolgreich, dann Ende des Interviews

D 30 Verdeckte Punkte

Aufg.	Material	Interviewer-Handlung	Interviewer-Text	Abbruchkriterien
D 30a	rote Punktekarte, gelbe Abdeckkarte	Zeigen Sie die Punktekarte (4 x 5) für einen Augenblick. Verdecken Sie den 4 x 3-Abschnitt und die untere Hälfte der darüber liegenden Punkte wie abgebildet:	Hier ist eine Punktekarte. Nun verdecke ich ein paar Punkte. Wie viele Punkte sind insgesamt auf der ganzen Karte? Wie hast du das herausgefunden?	keine Antwort oder offensichtlich geraten, dann Interview beenden
D 30b	wie vorher	Wenn das Kind alle Punkte einzeln zählt, fragen Sie:	Kannst du das auch auf einem schnelleren Weg herausbekommen, ohne sie alle einzeln zu zählen?	wird keine andere Strategie als „alle zählen" gefunden, dann Interview beenden

D 31 Bären im Kino

Aufg.	Material	Interviewer-Handlung	Interviewer-Text	Abbruchkriterien
D 31			15 Bären sitzen im Kino. Sie sitzen insgesamt in drei Reihen. In jeder Reihe sitzen gleich viele Bären. Wie viele Bären sitzen jeweils in einer Reihe? Wie hast du das herausgefunden?	

D 32 Multiplikationsaufgaben

Aufg.	Material	Interviewer-Handlung	Interviewer-Text	Abbruchkriterien
D 32	sechs gelbe Aufgabenkarten	Zeigen Sie dem Kind jeweils die Aufgabenkarte.	Hier sind noch mehr Aufgaben.	bei Nennung eines falschen Ergebnisses das Interview beenden
D 32a	gelbe Aufgabenkarte 3 · 10		Lies mir bitte die Aufgabe vor. Wie lautet das Ergebnis? Wie hast du gerechnet?	siehe oben
D 32b	gelbe Aufgabenkarte 2 · 7		*siehe oben*	siehe oben
D 32c	gelbe Aufgabenkarte 10 · 7		*siehe oben*	siehe oben
D 32d	gelbe Aufgabenkarte 3 · 50		*siehe oben*	siehe oben
D 32e	gelbe Aufgabenkarte 4 · 30		*siehe oben*	siehe oben
D 32f	gelbe Aufgabenkarte 5 · 7		*siehe oben*	siehe oben

D 33 Divisionsaufgaben

Aufg.	Material	Interviewer-Handlung	Interviewer-Text	Abbruchkriterien
D 33	sechs grüne Aufgabenkarten	Zeigen Sie dem Kind jeweils die Aufgabenkarte.	Und nun kommen neue Aufgaben:	bei falscher Antwort Interview beenden
D 33a	grüne Aufgabenkarte 16 : 2		Lies mir bitte die Aufgabe vor. Wie lautet das Ergebnis? Wie hast du gerechnet?	siehe oben
D 33b	gelbe Aufgabenkarte 60 : 10		*siehe oben*	siehe oben
D 33c	gelbe Aufgabenkarte 80 : 4		*siehe oben*	siehe oben
D 33d	gelbe Aufgabenkarte 24 : 3		*siehe oben*	siehe oben
D 33e	gelbe Aufgabenkarte 35 : 5		*siehe oben*	siehe oben
D 33f	gelbe Aufgabenkarte 35 : 7		*siehe oben*	siehe oben

D 34 Auf in den Zirkus

Aufg.	Material	Interviewer-Handlung	Interviewer-Text	Abbruchkriterien
D 34			97 Personen fahren in den Zirkus. In jedem Bus können 20 Personen mitfahren. Wie viele Busse werden benötigt, um alle 97 Personen in den Zirkus zu bringen? Wie hast du das herausgefunden?	nicht erfolgreich, dann Interview beenden

D 35 Geld verteilen

Aufg.	Material	Interviewer-Handlung	Interviewer-Text	Abbruchkriterien
D 35	weiße Karte mit Aufdruck 52 € (zusätzlich Stift und Papier bereitlegen)	Zeigen Sie dem Kind die Karte mit dem Aufdruck 52 €. Stift und Papier sind für diese Aufgabe erlaubt.	Du hast 52 Euro und möchtest sie gleichmäßig auf 4 Personen verteilen. Wie viele Euro bekommt jede Person? Wie hast du das herausgefunden?	nicht erfolgreich, dann Interview beenden *13*

D 36 Flexibles Rechnen

Aufg.	Material	Interviewer-Handlung	Interviewer-Text	Abbruchkriterien
D 36	gelbe Aufgabenkarte 23 · 4	Zeigen Sie dem Kind die gelbe Karte mit der Aufgabe 23 · 4.	Nenn mir bitte die Lösung der Aufgabe 23 · 4. Wie hast du das gerechnet?	nicht erfolgreich, dann Interview beenden *92*

D 37 Fehlende Zahlen

Aufg.	Material	Interviewer-Handlung	Interviewer-Text	Abbruchkriterien
D 37a	grüne Aufgabenkarte 54 · _ = _ _ 2	Zeigen Sie die Aufgabenkarte 54 · _ = _ _ 2 Zeigen Sie auf die freie Stelle nach dem Multiplikationszeichen und dann auf die beiden leeren Stellen vor der 2.	Das Ergebnis von 54 · ? endet mit 2. Was kannst du mir über die fehlenden Zahlen[1] sagen? Wie hast du das herausgefunden? Gibt es noch andere Möglichkeiten?	
D 37b	wie vorher		Kann es auch irgendeine andere Zahl sein? Woher weißt du das?	

Ende des Interviews

[1] Exakterweise müsste man hier nach *Ziffern* fragen. Das Wort gehört jedoch u. U. nicht zum Wortschatz der Kinder.

7.2 Materialübersicht

Teil V: Vorläuferfähigkeiten
- Box mit Bären aus Teil A
- 5 blaue Punktekarten und eine leere Karte
- 10 blaue Zahlenkarten (Ziffern 0–9)
- 5 Holzklötze
- 4 Bleistifte aus Pappe (20 cm, 15 cm, 10 cm, 5 cm lang)

Teil A: Zählen
- Box mit 50 Plastikbären in vier verschiedenen Farben (je 12 gelbe, grüne und blaue, 14 rote Bären)
- eine „Bärenschachtel"
- Umschlag mit 2,85 € *(Umschlag und Geld liegen dem Materialsatz nicht bei und müssen vor dem ersten Interview dem Material hinzugefügt werden, siehe auch 3.2)*

Teil B: Stellenwerte
- 8 grüne Zahlenkarten (3, 8. 36, 83, 18, 147, 407, 1847)
- 10 rote Zahlenkarten mit den Ziffern 0–9, dazu Bärenbox aus Teil A
- Taschenrechner
- 3 grüne einstellige Zahlenkarten (2, 5, 9)
- 3 gelbe zweistellige Zahlenkarten (19, 36, 74)
- 3 grüne dreistellige Zahlenkarten (156, 403, 813)
- 3 gelbe vierstellige Zahlenkarten (3569, 3659, 3956)
- 100 Holzstäbe *(daraus vor dem ersten Interview 8 Bündel zu je 10 Stäben mit Hilfe der beiliegenden Gummiringe herstellen, es bleiben 20 einzelne Stäbe, siehe 3.2)*
- weiße Karte mit der Zahl 36
- (unvollständige) Hundertertafel
- (unvollständige) Tausendertafel
- 2 weiße Karten mit den Zahl 2791 und 3027
- Tabelle mit Einwohnerzahlen deutscher Städte
- weiße Karte mit dem Zahlenstrahl 0–100
- weiße Karte mit dem Zahlenstrahl 0–2 000
- weiße Karte mit dem Zahlenstrahl 39–172
- weiße Karte mit dem Zahlenstrahl 0–1.000.000

Teil C: Strategien bei Addition und Subtraktion
- 13 rote Bären (bitte Teil A entnehmen)
- Abdeckung
- 5 grüne Aufgabenkarten (4 + 4 / 2 + 9 / 4 + 6 / 27 + 10 / 10 – 7)
- 5 gelbe Aufgabenkarten (12 – 6 / 7 + 8 / 19 –5 / 16 + 5 / 36 + 9)
- 3 grüne Aufgabenkarten (68 + 32 / 25 + 99 / 100 – 68)
- gelbe Karte mit der Aufgabe 134 + 689
- grüne Karte mit der Aufgabe 1246 – 358
- gelbe Karte mit der Aufgabe 347 + 589
- grüne Karte mit der Aufgabe 642 – 376

Teil D: Strategien bei Multiplikation und Division
- 4 leere Spielschachteln (Bären-Autos)
- 12 rote Bären (bitte Teil A entnehmen)
- grüne A4-Karte mit 4 Feldern
- 3 Steckwürfel
- rote Punktekarte
- gelbe Abdeckkarte
- 6 gelbe Aufgabenkarten (3 · 10 / 2 · 7 / 10 · 7 / 3 · 50 / 4 · 30 / 5 · 7)
- 6 grüne Aufgabenkarten (16 : 2 / 60 : 10 / 80 : 4 / 24 : 3 / 35 : 5 / 35 : 7)
- weiße Karte mit dem Aufdruck 52 €
- gelbe Karte mit der Aufgabe 23 · 4
- grüne Karte mit der Aufgabe 54 · _ = _ _ 2

7.3 Übersicht Ausprägungsgrade

A. Zählen

0. Nicht ersichtlich,
ob das Kind in der Lage ist, die Zahlwörter bis 20 zu benennen.

1. Mechanisches Zählen
Das Kind zählt mechanisch bis mindestens 20, ist aber noch nicht in der Lage, eine Menge (von Gegenständen) dieser Größe zuverlässig abzuzählen.

2. Zählen von Mengen
Das Kind zählt sicher Mengen mit ca. 20 Elementen (Gegenständen).

3. Vorwärts- und Rückwärtszählen in Einerschritten
Das Kind kann im Zahlenraum bis 100 in Einerschritten von verschiedenen Startzahlen aus zählen und Vorgänger und Nachfolger einer gegebenen Zahl benennen.

4. Zählen von 0 aus in 2er-, 5er- und 10er-Schritten
Von 0 aus gelingt das Zählen in 2er-, 5er- und 10er-Schritten bis zu einer gegebenen Zielzahl.

5. Zählen von Startzahlen mit x > 0 aus in 2er-, 5er- und 10er-Schritten
Von einer Startzahl ($x > 0$) gelingt das Zählen in 2er-, 5er- und 10er-Schritten bis zu einer gegebenen Zielzahl.

6. Erweitern und Anwenden von Zählfertigkeiten
Von einer Startzahl ($x > 0$) gelingt das Zählen in beliebigen einstelligen Schritten und diese Zählfertigkeiten können in praktischen Aufgaben angewendet werden.

B. Stellenwerte

0. Nicht ersichtlich,
ob das Kind in der Lage ist, einstellige Zahlen zu lesen, zu interpretieren und zu sortieren.

1. Lesen, Interpretieren und Sortieren von einstelligen Zahlen
Das Kind kann einstellige Zahlen lesen, interpretieren und sortieren.

2. Lesen, Interpretieren und Sortieren von zweistelligen Zahlen
Das Kind kann zweistellige Zahlen lesen, interpretieren und sortieren.

3. Lesen, Interpretieren und Sortieren von dreistelligen Zahlen
Das Kind kann dreistellige Zahlen lesen, interpretieren und sortieren.

4. Lesen, Interpretieren und Sortieren von Zahlen über 1000
Das Kind kann Zahlen über 1000 lesen, interpretieren und sortieren.

5. Erweitern und Anwenden des Wissens über Stellenwerte
Das Kind kann beim Lösen von Aufgaben das Wissen über Stellenwerte anwenden und erweitern.

C. Strategien bei Addition und Subtraktion

0. Nicht ersichtlich,
ob das Kind in der Lage ist, zwei Mengen zusammenzufügen und auszuzählen.

1. Alles zählen (zwei Mengen)
Um das Ergebnis der Vereinigung von zwei Mengen zu ermitteln, werden alle Elemente gezählt.

2. **Weiterzählen**
   Um die Gesamtanzahl der Elemente in zwei Mengen zu ermitteln, wird von einer der beiden Zahlen weitergezählt.

3. **Rückwärtszählen / Vorwärtszählen**
   Das Kind wählt bei einer gegebenen Subtraktionsaufgabe eine angemessene Strategie des Zählens (rückwärts oder vorwärts).

4. **Grundlegende Strategien ***
   Das Kind wählt bei einer gegebenen Additions- oder Subtraktionsaufgabe grundlegende Strategien wie Verdoppeln, Tauschaufgabe bilden (Kommutativität), Zehnerzerlegung oder andere Vorgehensweisen.

5. **Abgeleitete Strategien ***
   Das Kind wählt bei einer gegebenen Additions- oder Subtraktionsaufgabe abgeleitete Strategien wie *Fast-Verdoppeln, plus 10 minus 1 („Vor- und Zurücksprung"), bis zum nächsten Zehner ergänzen, Rückgriff auf Umkehraufgaben oder verwandte Aufgaben (Aufgabenfamilie) oder intuitive Strategien.*

6. **Erweitern und Anwenden grundlegender, abgeleiteter und intuitiver Strategien * bei Addition und Subtraktion**
   Es gelingt die Lösung gegebener Aufgaben (auch mit mehrstelligen Zahlen) im Kopf unter Anwendung geeigneter Strategien und einem klaren Verständnis der Grundaufgaben der Addition.

D. Strategien bei Multiplikation und Division

0. **Nicht ersichtlich,**
   ob das Kind in der Lage ist, die Gesamtanzahl verschiedener kleiner gleichgroßer Mengen zu erfassen und auszuzählen.

1. **Zählen von Elementen einer Menge als Einer**
   Das Kind findet die Gesamtanzahl in einer multiplikativen Struktur nur durch Zählen der einzelnen Elemente.

2. **Materialgestützte Lösung von Multiplikations- und Divisionsaufgaben**
   Die Lösung von Aufgaben zum Vervielfachen und Verteilen gelingt, wenn alle Objekte zur Verfügung stehen.

3. **Abstrakte Lösung von Multiplikations- und Divisionsaufgaben**
   Das Kind löst Multiplikations- und Divisionsaufgaben, bei denen nicht alle Objekte vorhanden bzw. dargestellt sind.

4. **Grundlegende, abgeleitete und intuitive Strategien * für Multiplikation**
   Das Kind kann Multiplikationsaufgaben unter Anwendung von Strategien wie *Tauschaufgabe bilden (Kommutativität), in Schritten zählen* oder *Aufbauen auf Grundaufgaben des Einmaleins* lösen.

5. **Grundlegende, abgeleitete und intuitive Strategien * für Division**
   Das Kind kann Divisionsaufgaben unter Anwendung von Strategien wie *Umkehraufgabe bilden (Aufgabenfamilie), fortgesetzte Subtraktion* oder *Aufbauen auf Grundaufgaben des Einmaleins* lösen.

6. **Erweitern und Anwenden von Strategien zur Multiplikation und Division**
   Das Kind kann Multiplikations- und Divisionsaufgaben (auch mit mehrstelligen Zahlen) in angewandten Kontexten lösen.

* siehe Glossar, S. 62

Name: _____ **Datum:** _____ **KV**

7.4 Interviewprotokoll
Teil V (Vorschule)

V 1

a) sortiert nach einer Eigenschaft (Farbe) ☐

b) zählt eine Menge von 4 Gegenständen ☐

c) erkennt von 2 vorgegebenen Mengen die Größere ☐

d) kann eine Reihe mit der Kardinalzahl 5 legen ☐

e) Anzahl: _____ (5)
   Mengenkonstanz ☐

b) ordnet den Mengen Zahlen zu
   2 ☐   4 ☐   0 ☐
   5 ☐   3 ☐   9 ☐

c) sortiert Zahlenkarten von 1–9 ☐

d) sortiert Zahlenkarten von 0–9 ☐

e) zeigt 6 Finger ☐ (__ + __)
   … auf eine andere Weise ☐ (__ + __)
   … auf eine andere Weise ☐ (__ + __)

f) benennt Nachfolger von …
   4 ☐   10 ☐   15 ☐

g) benennt Vorgänger von …
   3 ☐   12 ☐   20 ☐

h) Eins-zu-eins-Zuordnung ☐

i) sortiert 3 Bleistifte vom kleinsten zum größten Stift ☐

i) sortiert 4 Bleistifte vom kleinsten zur größten Stift ☐

V 2

a) ☐ daneben ☐ hinter ☐ vor

b) Benennung der Farben ☐

c) Muster nachlegen ☐

d) Muster fortsetzen ☐

e) Muster erklären ☐

f) Ordinalzahl ☐

V 3

a) Erkennen von Mengen ohne zu zählen
   2 ☐   4 ☐   0 ☐
   5 ☐   3 ☐   9 ☐

Teil A

A 1 Wie viele Bären?

geschätzte Anzahl: _____

tatsächliche Anzahl: _____

Zählen: letzte richtige Zahl _____

A 2 Vorwärts-/Rückwärtszählen

a) $1 \rightarrow 32$ _____ (letzte richtige Zahl)

b) $53 \rightarrow 62$ _____

c) $84 \rightarrow 113$ _____

d) $24 \rightarrow 15$ _____

e) $10 \rightarrow 0$ _____

A 3 Vorgänger/ Nachfolger

nach 56 _____

vor 56 _____

A 4 Von 0 in 10er-, 5er- und 2er-Schritten zählen

in 10er-Schritten _____ (110)

in 5er-Schritten _____ (55)

in 2er-Schritten _____ (30)

A 5 Von x > 0 in 10er- und 5er-Schritten zählen

von 23 in 10er-Schritten _____ (103)

von 24 in 5er-Schritten _____ (44)

A 6 Von x > 0 in 3er und 7er Schritten zählen

von 11 in 3er-Schritten _____ (35)

von 20 in 7er-Schritten _____ (55)

A 7 Geld zählen

a) Gesamtsumme: _____ € (2,85 €)
   Methode: _____

b) Betrag, den man braucht, um 5 € zu
   erhalten: _____ € (2,15 €)

© 2007 Mildenberger Verlag · Das ElementarMathematische BasisInterview (EMBI) · Bestell-Nr. 170-10

Name: _____ **Datum:** _____ KV

Teil B

B 8 Zahlen lesen

a) alle ☐ oder Schwierigkeiten bei _____
b) alle ☐ oder Schwierigkeiten bei _____
c) 7 Bären ☐

B 9 Zahlen am Taschenrechner

a) alle ☐ oder 1. Schwierigkeit bei _____
b) 1. Schwierigkeit: _____

B 10 Zahlen ordnen

a) 1-stellig ☐
b) 2-stellig ☐
c) 3-stellig ☐
d) 4-stellig ☐

B 11 Bündeln

– 3 Zehner und 6 Einer ☐
– benutzt nur die Einer ☐
– andere Methode _____

Erklärung auf Nachfrage ☐
_____
_____

B 12 Hundertertafel

Antwort: _____ (57)

Erklärung:
– zählt weiter ☐
– zählt zurück ☐
– andere Methode _____

B 13 Tausendertafel

Antwort: _____ (540)

Erklärung:
– zählt weiter ☐
– zählt zurück ☐
– andere Methode _____

B 14 Um 10 größer

Antwort: _____ (als 2791) (2801)
Strategie: _____

B 15 Um 100 kleiner

Antwort: _____ (als 3027) (2927)
Strategie: _____

B 16 Sortieren der deutschen Städte nach Einwohnerzahlen

a) Unna (64.327)
b) Leipzig (475.332) ☐
c) Köln (1.004.928) ☐
d) München (drittgrößte Einwohnerzahl) ☐
e) Erklärung anhand von Stellen-werten ☐

B 17 Interpretieren des Zahlenstrahls

a) Zahlenstrahl 0–100 _____ (55–75)
b) Zahlenstrahl 0–2000 _____ (400–600)
c) Zahlenstrahl 39–172 _____ (65–95)
d) Zahlenstrahl 0–1.000.000 _____

Antwort: _____ (700.000–800.000)

Teil C

C 18 Weiterzählen

a) gibt 4 rote Bären ☐
b) Antwort _____ (13)
   Strategien: – zählt weiter ☐
   – gewusst ☐
   – zählt alle ☐
   – andere Methode _____
c) Antwort _____ (13)
   Strategien: – zählt alle ☐
   – andere Methode _____

C 19 Rückwärtszählen

a) Antwort _____ (5)
   – zählt im Kopf zurück ☐
   – gewusst oder Aufgabenfamilie ☐
   – zählt mit Fingern rückwärts ☐
   – modelliert alles mit Fingern ☐
   – andere Methode _____
b) Antwort _____ (5)
   – modelliert alles mit Fingern ☐
   – andere Methode _____

© 2007 Mildenberger Verlag · Das ElementarMathematische BasisInterview (EMBI) · Bestell-Nr. 170-10

Name: _____ **Datum:** _____ **KV**

C 20 Rückwärts- oder Vorwärtszählen

Antwort _____ (3) ☐

– gewusst oder Aufgabenfamilie
– zählt rückwärts bis _____
– zählt weiter von _____
– die Finger werden beim absteigenden oder aufsteigenden Zählen benutzt ☐
– modelliert alles mit Fingern ☐
– andere Methode _____

b) 7 + 8
– fast verdoppelt oder gewusst ☐
– zählt weiter ☐
– andere Methode _____

c) 19 – 15
– Aufgabenfamilie oder gewusst ☐
– zählt rückwärts bis _____
– zählt vorwärts von _____
– zählt alle zurück ☐
– andere Methode _____

d) 27 + 10
– 10 addiert (27, 37) _____
– bis zum nächsten Zehner ergänzt (27 + 3 + 7) ☐
– zählt weiter ☐
– andere Methode _____

d) 16 + 5
– ergänzt bis zum nächsten Zehner _____
– gewusst ☐
– addiert die Einer dann + 10 ☐
– andere Methode _____

e) 10 – 7
– gewusst ☐
– Aufgabenfamilie (z. B. 7 + 3 = 10) _____
– zählt rückwärts bis _____
– zählt vorwärts von _____
– zählt zurück mit oder ohne Finger ☐
– modelliert alles mit Fingern ☐
– andere Methode _____

e) 36 + 9
– addiert 10 und nimmt dann 1 weg _____
– ergänzt bis zum nächsten Zehner _____
– gewusst (kennt 9er-Reihe) ☐
– zählt weiter ☐
– andere Methode _____

C 21 Grundlegende Strategien

a) 4 + 4
– verdoppelt oder gewusst ☐
– zählt weiter ☐
– andere Methode _____

b) 2 + 9
– bildet Tauschaufgabe 9 + 2 und zählt dann weiter ☐
– zählt weiter ☐
– andere Methode _____

c) 4 + 6
– 10er-Zerlegung oder gewusst ☐
– zählt weiter _____

C 22 Abgeleitete Strategien

a) 12 – 6
– verdoppelt oder gewusst ☐
– zählt zurück ☐
– andere Methode _____

C 23 Strategien für mehrstellige Zahlen

a) 68 + 32 _____

b) 25 + 99 _____

c) 100 – 68 _____

d) die Hälfte von 30 _____

e) das Doppelte von 26 _____

C 24 Wie viele Stellen?

a) 134 + 689 (< 1000)

Erklärung: _____
– Augenmerk auf 100er-Stelle ☐
– andere Methode _____

b) 1246 – 358 (< 1000)

Erklärung: _____
– Augenmerk auf 100er-Stelle ☐
– andere Methode _____

© 2007 Mildenberger Verlag · **Das ElementarMathematische BasisInterview (EMBI)** · Bestell-Nr. 170-10

Name: _____ **Datum:** _____ **KV**

C 25 Additionsaufgaben überschlagen und berechnen

überschlagene Lösung ☐
innerhalb der Spanne 800 – 1000
Lösung im Kopf ☐
Lösung (halb-)schriftlich ☐

Wie?

b) – in Schritten gezählt ☐
– gewusst ☐
– andere Methode _____

C 26 Subtraktionsaufgaben überschlagen und berechnen

überschlagene Lösung
innerhalb der Spanne 200 – 300
Lösung im Kopf ☐
Lösung (halb-)schriftlich ☐

Wie?

Teil D

D 27 Bären-Autos

a) Antwort _____ (8)
– in Schritten gezählt ☐
– gewusst ☐
– zählt alle ☐
– andere Methode _____

D 28 Bären auf 4 Felder verteilen

Antwort _____ (3)
– in Gruppen aufteilen ☐
– gewusst ☐
– einzeln verteilen ☐
– andere Methode _____

D 29 Türme aus Steckwürfeln

a) Antwort _____ (12)
– in Schritten zählen ☐
– gewusst ☐
– einzeln abzählen ☐
– andere Methode _____

b) Wie? _____

D 30 Verdeckte Punkte

a) Antwort _____ (20)
– in Schritten zählen ☐
– gewusst (Struktur erkannt) ☐
– einzeln abzählen ☐
– andere Methode _____

b) Wie? _____

D 31 Bären im Kino

Antwort _____ (5)
– in Schritten zählen ☐
– gewusst ☐
– einzeln abzählen ☐
– andere Methode _____

D 32 Multiplikationsaufgaben

a) $3 \cdot 10$
b) $2 \cdot 7$
c) $10 \cdot 7$
d) $3 \cdot 50$
e) $4 \cdot 30$
f) $5 \cdot 7$

Strategien:

D 33 Divisionsaufgaben

a) $16 : 2$
b) $60 : 10$
c) $80 : 4$
d) $24 : 3$
e) $35 : 5$
f) $35 : 7$

Strategien:

D 34 Auf in den Zirkus

Antwort _____ (5)

Strategie:

D 35 Geld verteilen

Antwort _____ (13)

Strategie:

D 36 Flexibles Rechnen

Antwort _____ (92)

Strategie:

D 37 Fehlende Zahlen ($54 \times \_ = \_\,\_\,2$)

a) Antwort _____

Strategie:

b) Antwort _____

Strategie:

© 2007 Mildenberger Verlag · **Das ElementarMathematische BasisInterview (EMBI)** · Bestell-Nr. 170-10

Name: _____ **Klasse:** _____ **Datum:** _____ **KV**

7.5 Einzelauswertung: Aufgaben

A. Zählen

❑ **Ausprägungsgrad 0:** in A 1 keine Antwort und in A 2a x < 20

❑ **Ausprägungsgrad 1:** in A 1 keine Antwort und in A 2a x = 20

❑ **Ausprägungsgrad 2:** in A 1 richtig gezählt (die Schätzung ist hier unerheblich, sie dient nur der Motivation zum Nachzählen)

❑ **Ausprägungsgrad 3:** A 2 und A 3

❑ **Ausprägungsgrad 4:** A 4

❑ **Ausprägungsgrad 5:** A 5

❑ **Ausprägungsgrad 6:** A 6 und A 7

B. Stellenwerte

❑ **Ausprägungsgrad 0:** Fehler bei 1-stelligen Zahlen in B 8 und B 10

❑ **Ausprägungsgrad 1:** alle Aufgaben mit einstelligen Zahlen in B 8–B 10

❑ **Ausprägungsgrad 2:** alle Aufgaben mit zweistelligen Zahlen in B 8–B 12

❑ **Ausprägungsgrad 3:** alle Aufgaben mit dreistelligen Zahlen in B 8–B 13

❑ **Ausprägungsgrad 4:** alle Aufgaben mit vierstelligen Zahlen in B 8–B 14

❑ **Ausprägungsgrad 5:** auch B 15–B 17 richtig gelöst

C. Strategien bei Addition und Subtraktion

❑ **Ausprägungsgrad 0:** 1 oder 2 falsche Lösungen in C 18

❑ **Ausprägungsgrad 1:** C 18b bzw. C 18c korrekt, aber Strategie „alle zählen"

❑ **Ausprägungsgrad 2:** weiterzählen oder gewusst in C 18b

❑ **Ausprägungsgrad 3:** richtige Antworten in C 19a bzw. C 19b und C 20

❑ **Ausprägungsgrad 4:** richtige Antwort und mindestens 2 verschiedene Strategien in C 21

❑ **Ausprägungsgrad 5:** richtige Antwort und mindestens 2 verschiedene Strategien in C 22

❑ **Ausprägungsgrad 6:** C 23–C 26 vollständig richtig gelöst; C 25 und C 26 entweder im Kopf oder (halb-)schriftlich

D. Strategien bei Multiplikation und Division

❑ **Ausprägungsgrad 0:** nicht erfolgreich in D 27 oder in D 28

❑ **Ausprägungsgrad 1:** D27 und D28 richtig gelöst

❑ **Ausprägungsgrad 2:** in D 27 nicht mit der Strategie „alle zählen" gelöst sowie D 28 richtig

❑ **Ausprägungsgrad 3:** richtige Antwort und angewandte Strategie in D 29, D 30 und D 31 (d. h. nicht nur einzeln abgezählt)

❑ **Ausprägungsgrad 4:** D 32 gelöst

❑ **Ausprägungsgrad 5:** D 33 gelöst

❑ **Ausprägungsgrad 6:** D 34–D 37 gelöst

© 2007 Mildenberger Verlag · **Das ElementarMathematische BasisInterview (EMBI)** · Bestell-Nr. 170-10

Name: _____ Klasse: _____ Datum: _____ KV

7.5 Einzelauswertung: Ausprägungsgrade

A. Zählen

❏ **0. Nicht ersichtlich**, ob das Kind in der Lage ist, die Zahlwörter bis 20 zu benennen.

❏ **1. Mechanisches Zählen.** Das Kind zählt mechanisch bis mindestens 20, ist aber noch nicht in der Lage, eine Menge (von Gegenständen) dieser Größe zuverlässig abzuzählen.

❏ **2. Zählen von Mengen.** Das Kind zählt sicher Mengen mit ca. 20 Elementen (Gegenständen).

❏ **3. Vorwärts- und Rückwärtszählen in Einerschritten.** Das Kind kann im Zahlenraum bis 100 in Einerschritten von verschiedenen Startzahlen aus zählen und Vorgänger und Nachfolger einer gegebenen Zahl benennen.

❏ **4. Zählen von 0 aus in 2er-, 5er- und 10er-Schritten.** Von 0 aus gelingt das Zählen in 2er-, 5er- und 10er-Schritten bis zu einer gegebenen Zielzahl.

❏ **5. Zählen von Startzahlen mit x > 0 aus in 2er-, 5er- und 10er-Schritten.** Von einer Startzahl (x > 0) gelingt das Zählen in 2er-, 5er- und 10er-Schritten bis zu einer gegebenen Zielzahl.

❏ **6. Erweitern und Anwenden von Zählfertigkeiten.** Von einer Startzahl (x > 0) gelingt das Zählen in beliebigen einstelligen Schritten und diese Zählfertigkeiten können in praktischen Aufgaben angewendet werden.

B. Stellenwerte

❏ **0. Nicht ersichtlich**, ob das Kind in der Lage ist, einstellige Zahlen zu lesen, zu interpretieren und zu sortieren.

❏ **1. Lesen, Interpretieren und Sortieren von einstelligen Zahlen.** Das Kind kann einstellige Zahlen lesen, interpretieren und sortieren.

❏ **2. Lesen, Interpretieren und Sortieren von zweistelligen Zahlen.** Das Kind kann zweistellige Zahlen lesen, interpretieren und sortieren.

❏ **3. Lesen, Interpretieren und Sortieren von dreistelligen Zahlen.** Das Kind kann dreistellige Zahlen lesen, interpretieren und sortieren.

❏ **4. Lesen, Interpretieren und Sortieren von Zahlen über 1000.** Das Kind kann Zahlen über 1000 lesen, interpretieren und sortieren.

❏ **5. Erweitern und Anwenden des Wissens über Stellenwerte.** Das Kind kann beim Lösen von Aufgaben das Wissen über Stellenwerte anwenden und erweitern.

C. Strategien bei Addition und Subtraktion

❏ **0. Nicht ersichtlich**, ob das Kind in der Lage ist, zwei Mengen zusammenzufügen und auszuzählen.

❏ **1. Alles zählen (zwei Mengen).** Um das Ergebnis der Vereinigung von zwei Mengen zu ermitteln, werden alle Elemente gezählt.

❏ **2. Weiterzählen.** Um die Gesamtanzahl der Elemente in zwei Mengen zu ermitteln, wird von einer der beiden Zahlen weitergezählt.

❏ **3. Rückwärtszählen / Vorwärtszählen.** Das Kind wählt bei einer gegebenen Subtraktionsaufgabe eine angemessene Strategie des Zählens (rückwärts oder vorwärts).

❏ **4. Grundlegende Strategien.** Das Kind wählt bei einer gegebenen Additions- oder Subtraktionsaufgabe grundlegende Strategien wie Verdoppeln, Tauschaufgabe bilden (Kommutativität), Zehnerzerlegung oder andere Vorgehensweisen.

❏ **5. Abgeleitete Strategien.** Das Kind wählt bei einer gegebenen Additions- oder Subtraktionsaufgabe abgeleitete Strategien wie Fast-Verdoppeln, plus 10 minus 1 („Vor- und Zurücksprung"), bis zum nächsten Zehner ergänzen, Rückgriff auf Umkehraufgaben oder verwandte Aufgaben (Aufgabenfamilie) oder intuitive Strategien.

❏ **6. Erweitern und Anwenden grundlegender, abgeleiteter und intuitiver Strategien bei Addition und Subtraktion.** Es gelingt die Lösung gegebener Aufgaben (auch mit mehrstelligen Zahlen) im Kopf unter Anwendung geeigneter Strategien und einem klaren Verständnis der Grundaufgaben der Addition.

D. Strategien bei Multiplikation und Division

❏ **0. Nicht ersichtlich**, ob das Kind in der Lage ist, die Gesamtanzahl verschiedener kleiner gleichgroßer Mengen zu erfassen und auszuzählen.

❏ **1. Zählen von Elementen einer Menge als Einer.** Das Kind findet die Gesamtanzahl in einer multiplikativen Struktur nur durch Zählen der einzelnen Elemente.

❏ **2. Materialgestützte Lösung von Multiplikations- und Divisionsaufgaben.** Die Lösung von Aufgaben zum Vervielfachen und Verteilen gelingt, wenn alle Objekte zur Verfügung stehen.

❏ **3. Abstrakte Lösung von Multiplikations- und Divisionsaufgaben.** Das Kind löst Multiplikations- und Divisionsaufgaben, bei denen nicht alle Objekte vorhanden bzw. dargestellt sind.

❏ **4. Grundlegende, abgeleitete und intuitive Strategien für Multiplikation.** Das Kind kann Multiplikationsaufgaben unter Anwendung von Strategien wie Tauschaufgabe bilden (Kommutativität), in Schritten zählen oder Aufbauen auf Grundaufgaben des Einmaleins lösen.

❏ **5. Grundlegende, abgeleitete und intuitive Strategien für Division.** Das Kind kann Divisionsaufgaben unter Anwendung von Strategien wie Umkehraufgabe bilden (Aufgabenfamilie), fortgesetzte Subtraktion oder Aufbauen auf Grundaufgaben des Einmaleins lösen.

❏ **6. Erweitern und Anwenden von Strategien zur Multiplikation und Division.** Das Kind kann Multiplikations- und Divisionsaufgaben (auch mit mehrstelligen Zahlen) in angewandten Kontexten lösen.

© 2007 Mildenberger Verlag · **Das ElementarMathematische BasisInterview (EMBI)** · Bestell-Nr. 170-10

7.6 Auswertung der im Vorschulteil erhobenen Vorläuferfähigkeiten

KV

Name	Besonderheiten	Umgang mit Mengen					Raum-Lage-Bezeichnungen					Ordinalzahlen	Simultanes Erfassen	Zahl-Mengen-Zuordnung	Anordnung Zahlsymbole		Teil-Ganzes-Beziehungen	Nachfolger	Vorgänger	Eins-Eins-Zuordnung	Sonstiges	
		V1a	V1b	V1c	V1d	V1e	V2a	V2b	V2c	V2d	V2e	V2f	V3a	V3b	V3c	V3d	V3e	V3f	V3g	V3h	V3i	V3j

Richtig gelöste Aufgaben bitte mit einem Haken, falsch gelöste mit „f" und nicht beantwortete mit „–" kennzeichnen. *Bitte die Symbole jeweils in kleine Kästchen eintragen.*

© 2007 Mildenberger Verlag · **Das ElementarMathematische BasisInterview (EMBI)** · Bestell-Nr. 170-10

Klasse: _____ **Datum:** _____ **KV**

7.7 Klassenauswertung

Name	Ausprägungsgrade					Anmerkungen
	Vorschulteil[1]	A: Zählen	B: Stellenwerte	C: Strategien Addition und Subtraktion	D: Strategien Multiplikation und Division	

[1] Bitte kreuzen Sie hier an, ob der Vorschulteil (Teil V) durchgeführt wurde.

© 2007 Mildenberger Verlag · **Das ElementarMathematische BasisInterview (EMBI)** · Bestell-Nr. 170-10

8. Glossar

Vorläuferfähigkeiten

Eins-zu-eins-Zuordnung
Mengen vergleichen in Bezug auf ihre „Mächtigkeit", d. h. die Anzahlen ihrer Elemente vergleichen, indem jedem Element aus der einen Menge, etwa jedem Teller, genau ein Element aus der anderen Menge, etwa ein Löffel zugeordnet wird. Die Eins-zu-eins-Zuordnung ist eine entscheidende Komponente beim *Abzählen*.

Zählen, Abzählen
Zählen bezeichnet jede Art von Aktivität, bei der Zahlen in einer Serie genannt werden. Auch das Aufsagen von Zahlwortreihen gehört dazu. Abzählen dagegen bezeichnet das Ermitteln von Anzahlen dadurch, dass nacheinander den Gegenständen Zahlen zugeordnet werden und die letzte zugeordnete Zahl dann die Anzahl der Elemente der Menge ist *(„Kardinalzahlprinzip")*.

Mengenkonstanz, Mengeninvarianz
Bezeichnet ein Anzahlverständnis, nämlich die Fähigkeit, die Mächtigkeit einer Menge, also die Anzahl ihrer Elemente als invariant von Art und Lage der Elemente zu erkennen

Seriation
Bezeichnet das Anordnen von Objekten nach bestimmten Kriterien, etwa von lang nach kurz, vom größten zum kleinsten Element etc.

Simultanerfassung (engl.: Subitizing)
Das Erfassen der Anzahl der Elemente einer Menge auf einen Blick als Ganzes ohne erkennbares Abzählen. In der Regel gelingt das bei (unstrukturierten) Mengen mit bis zu vier oder fünf Elementen.

Vergleichen
Das Vergleichen von Objekten nach bestimmten Gesichtspunkten, etwa nach quantitativen (etwa Anzahl oder Länge) oder nach qualitativen (etwa Farbe oder Form) Merkmalen. Wichtig ist hierbei das Ausbilden von Begriffen, die mathematische Ordnungsrelationen beschreiben (etwa mehr, weniger, höher, die meisten etc.)

Zahlaspekte

Kardinalzahl
Kennzeichnet die Anzahl der Elemente einer Menge: *eins, zwei, ...* . Beim Abzählen gibt die letztgenannte Zählzahl die Anzahl der Elemente der Menge an *(„Kardinalzahlprinzip")*.

Ordinalzahl
Kennzeichnet den Rangplatz in einer geordneten Serie oder Reihe: *erster, zweiter, ...* , auch *Ordnungszahl* genannt. In der Folge der natürlichen Zahlen bezeichnet man sie als *Zählzahlen*.

Maßzahl
Bezeichnet die Zahl vor der Einheit in einer Größe: Bei der Größe 5 cm ist 5 die Maßzahl und cm die Einheit.

Zählen, Zählweisen

Mechanisches Zählen
Beim mechanischen Zählen wird die Zahlwortreihe aufgesagt wie ein Text oder ein Gedicht. Sie ist in sich noch nicht strukturiert und wird noch nicht zum (Ab-)Zählen eingesetzt. Die Zahlworte werden z. T. noch nicht unterschieden und noch nicht auf Objekte bezogen.

Synchrones Zählen
Beim synchronen Zählen wird jeweils genau auf ein Objekt gezeigt, d. h. jedes Zahlwort wird mit genau einem Objekt verbunden (vgl. *Eins-zu-eins-Zuordnung*).

Resultatives Zählen
Resultatives Zählen ist *„ergebniserzeugendes Zählen"*, etwa das Abzählen vom strukturierten, unstrukturierten oder versteckten Quantitäten auch ohne mit den Fingern auf die einzelnen Objekte zu zeigen.

Ungefähre Anzahlbestimmung

Schätzen
Bezeichnet im Zusammenhang mit einer Aufgabe zur Anzahlbestimmung ein *näherungsweises Vermuten* einer Anzahl, etwa wenn eine sehr große Anzahl bestimmt werden soll und eine genaue Lösung zu zeitraubend oder aus anderen Gründen nicht möglich ist.

Überschlagen
Bezeichnet im Zusammenhang mit einer Aufgabe zum Rechnen das *Bestimmen einer Näherungslösung mit bestimmten schnellen Rechentechniken*, etwa um zu prüfen, ob das Ergebnis einer schriftlichen Rechnung die richtige Größenordnung hat.

Zu der Aufgabe $28 \cdot 43 = 1204$ etwa kann ein Überschlagen darin bestehen, mit gerundeten Werten zu rechnen und Wissen zu Stellenwerten zu nutzen: $30 \cdot 40 = 1200$, weil $3 \cdot 4 = 12$ und „zwei Nullen dazu kommen".

Rechenstrategien

Grundlegende Rechenstrategien
sind elementare Lösungsstrategien, die deutlich über Strategien hinausgehen, die nur auf Abzählen basieren,

bezogen auf Addition und Subtraktion
- Verdoppeln und Halbieren, etwa bei $4 + 4$ oder $8 - 4$
- Tauschaufgabe bilden, etwa $3 + 8 = 8 + 3$
- Zehnerzerlegung, d. h. Kenntnis der Zahlenpaare, die 10 ergeben ohne zu zählen, etwa $8 + 2$, $4 + 6$, …
- 10 addieren
- Kenntnis von Grundaufgaben des Einspluseins

bezogen auf Multiplikation und Division
- Tauschaufgabe bilden, etwa $8 \cdot 3 = 3 \cdot 8$
- Kenntnis von Grundaufgaben des Einmaleins.

Abgeleitete Rechenstrategien
sind Strategien, die auf grundlegenden Strategien aufbauen und diese weiterführen,

bezogen auf Addition und Subtraktion
- Fastverdoppeln, etwa $6 + 7$ wird gerechnet als „das Doppelte von 6 ist 12 und dann noch plus 1".
- Ergänzung zum nächsten Zehner, etwa $4 + 8 = 4 + 6 + 2$
- Umkehraufgabe bilden, $7 - 2$ wird gerechnet als $2 + 5 = 7$
- bei „+ 9" wird „+ 10 − 1" gerechnet
- Analogien bilden, etwa $14 + 5 = 19$, weil $4 + 5 = 9$ bekannt ist und noch ein Zehner hinzukommt

bezogen auf Multiplikation und Division
- fortgesetzte Addition, etwa $3 \cdot 4 = 4 + 4 + 4$, oder Subtraktion, etwa $12 : 4 = 12 - 4 - 4 - 4$, wobei erkannt wird, dass 3-mal die 4 abgezogen wird
- Aufgaben auf Grundaufgaben des Einmaleins zurückführen, z. B. $5 \cdot 6 = 30$, weil „$5 \cdot 5 = 25$ und dann noch 5 dazu".

Intuitive Rechenstrategien
sind Strategien, die ein Kind auf der Basis seines Wissens über Zahlen und Zahlbeziehungen wählt, ohne diese formal im Unterricht gelernt zu haben und ohne diese in jedem Fall erklären zu können,

etwa $3 \cdot 8 = 6 \cdot 4 = 24$, weil im Sinne des gegensinnigen Veränderns der linke Faktor mit 2 multipliziert, der rechte Faktor dagegen durch 2 dividiert wird.